智能家居安装与调试 400问

余刚 柳淳 朱林清 刘静敏 许家望 ● 编著

中国电力出版社
CHINA ELECTRIC POWER PRESS

内 容 提 要

本书以《国家职业技能标准 物联网安装调试员（2020 年版）》为依据，覆盖了智能家居安装调试的基础知识、主要技术和操作技能，从实用的角度解答了智能家居领域的新知识、新技术和新产品。

本书共 9 章，主要内容包括智能家居基础知识、电工电子基础知识、计算机基础知识、网络通信技术、物联网技术、家庭网络与组网技术、智能照明系统安装与调试、智能影音系统安装与调试、智能终端安装与调试。

本书内容丰富、语言通俗、图文并茂，便于自学，适合广大基层智能家居从业人员、营销人员、中职学校相关专业学生和想报考国家初、中级物联网安装调试员的读者阅读。

图书在版编目（CIP）数据

智能家居安装与调试 400 问/余刚等编著. —北京：中国电力出版社，2023.1
ISBN 978-7-5198-7168-0

Ⅰ. ①智… Ⅱ. ①余… Ⅲ. ①住宅－智能化建筑－建筑安装－问题解答 Ⅳ. ①TU241-44

中国版本图书馆 CIP 数据核字（2022）第 196803 号

出版发行：中国电力出版社
地　　址：北京市东城区北京站西街 19 号（邮政编码 100005）
网　　址：http://www.cepp.sgcc.com.cn
责任编辑：杨　扬（010-63412524）
责任校对：黄　蓓　常燕昆
装帧设计：赵姗姗
责任印制：杨晓东

印　　刷：北京雁林吉兆印刷有限公司
版　　次：2023 年 1 月第一版
印　　次：2023 年 1 月北京第一次印刷
开　　本：880 毫米×1230 毫米　32 开本
印　　张：10.625
字　　数：290 千字
定　　价：58.00 元

序

　　自从比尔·盖茨于 1995 年最先提出物联网的概念,"万物互联互通"已成为人们对未来科技的新幻想。伴随着科技和经济的高速发展,这个幻想照进了现实,物联网逐渐进入各行各业,并与我们的生活息息相关,其中智能家居便是物联网的重点应用领域。

　　在过去十年中智能家居的变化可谓日新月异,从最开始的 1.0 智能单品阶段起步,聚焦细分品类的智能升级;随着单品智能程度的提高、SKU(Stock Keeping Unit,保存库存控制的最小可用单位)的丰富,以场景为中心的全套智能家居解决方案兴起,逐渐进入目前国内大部分厂商所处的 2.0 智能场景阶段;基于此,以小米、Aqara绿米、华为等领头企业,借助大数据、人工智能、机器学习等技术,构建用户画像、理解用户行为,不断加强智能家居自主化能力,智能家居开始迈入 3.0 主动智能阶段。

　　智能家居不仅为生活带来了便利,也有助于节能减排。智能家居通过行为节能的方式,可实现 20%～40%的节能,在碳达峰碳中和的背景下,智能家居的重要性不言而喻。此外,随着人口的老龄化,许多老年护理和辅助型养老(Assisted Living)机构已经开始通过智能设备为客户提供更好的监测和照护服务,相较于雇用更多的护理人员,智能家居这种方式具有更高效率和性价比。年轻一代也愿意为父母在家中添购这些智能设备，以帮助他们更好地应对不同紧急情况。

近年来国家出台了多项政策加速智能家居行业发展，包括《关于加快发展数字家庭　提高居住品质的指导意见》《"十四五"数字经济发展规划》《关于支持建设新一代人工智能示范应用场景的通知》等，都明确表示了对智能家居行业的支持。

目前我国智能家居正处于发展初期，各路"玩家"踊跃入场，智能家居市场模式不断变化，未来有极大的想象空间。但现阶段，由于对智能家居的理解存在偏差，市面上智能家居产品的质量水平参差不齐，甚至出现产品体验倒退的"伪智能家居产品"，智能家居行业急需专业知识的普及和提升。

由余刚、柳淳等人撰写的《智能家居安装与调试 400 问》，全方位地把智能家居的基本现状、未来发展等进行了细致介绍，让普通用户、智能家居爱好者、智能家居厂商对当下智能家居行业有一个基本认知，并针对普通用户、智能家居爱好者给出了简单易行的产品组建和使用建议，帮助他们实现全屋智能从 0 到 1 的搭建。书中配有产品安装短视频，扫描书中二维码即可观看。相信本书的出版，将对智能家居知识的普及、从业人员水平的提高起到有益的推动和促进作用。

Aqara 绿米副总裁　孔丽

前　言

　　近年来，随着人工智能、互联网、5G 等技术的迅猛发展，智能家居相关内容已经被编入小学信息技术教材课本，并融入老年人的数字生活，国家及地方政府相继出台一系列政策鼓励、促进智能终端产业发展，满足居民提升生活品质的需求。2022 年"6·18"购物节期间，智能开关、智能窗帘、传感器等智能家居单品的总销量、总销售额均升至首位，越来越多的人关注绿色、健康、智能的家居环境，全屋智能家居将成为未来家的发展方向。

　　未来的家居生活将更加智慧、安全、节能、舒适、便利，且更加具有艺术性。就连在"天宫一号"空间站里，也能享受全屋智能家居生活，"天宫一号"空间站的照明环境模拟了日出、中午、黄昏和夜晚等自然状态，最大限度地为天上的宇航员模拟了类似地球上的生活氛围。北京冬奥村里面的智能床、智能门锁、智能温度调节系统、智能红外感应、可视对讲、智能窗帘等十多种智能家居功能，让世界各国参会人员赞不绝口。

　　为了适应智能家居的快速发展，进一步普及和推广智能家居技术，满足广大基层智能家居安装调试人员的迫切需要，特编写《智能家居安装与调试 400 问》一书。

　　本书以《国家职业技能标准　物联网安装调试员（2020 年版）》

为依据，覆盖了智能家居安装调试的基本知识、基础技术和操作技能，精选问答内容，突出实用性、通俗性和新颖性，详细解答了智能家居领域的新知识、新技术和新产品。

本书内容丰富、语言通俗、图文并茂，便于自学，适合广大基层智能家居从业人员、营销人员、中职学校相关专业学生和想报考国家初、中级物联网安装调试员的读者阅读。

本书由余刚、柳淳、朱林清、刘静敏和许家望共同编写。绿米联创科技有限公司副总裁孔丽在百忙之中为本书作序。本书在编写过程中，得到了绿米联创科技有限公司、西安众家智装电子科技有限公司、衡阳欧瑞博全宅智能家居官方旗舰店、衡阳市寻真电器销售有限公司等单位的支持，同时参考了大量近期出版的专业图书和网络技术资料，在此表示诚挚的谢意！

智能家居行业飞速发展，国内大市场正在建设中，智能家居产品的国家标准尚未出台，加之智能家居技术日新月异发展，以及编者水平有限，书中难免存在疏漏与不足，恳请专家和广大读者不吝赐教。

编　者

目　录

序
前言

第 1 章　智能家居基础知识

第2章 电工电子基础知识

第3章　计算机基础知识

第4章 网络通信技术

第5章　物联网技术

第 6 章　家庭网络与组网技术

第 7 章　智能照明系统安装与调试

第 8 章　智能影音系统安装与调试

第9章 智能终端安装与调试

14

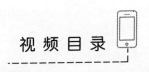

视频目录

第 1 章

智能家居基础知识

第 1 节　智能家居的概念、功能与组成

1　什么是智能家居？

智能家居是以住宅为平台，通过物联网技术等将与家居生活相关的设施与设备连接在一起，以实现智能化的系统。智能家居系统能提供各种智能操控，如家电控制、照明控制、窗帘控制等，具有安防监控、能源管控、背景音乐、家庭影院、可视对讲、居家办公、健康养老等功能，这些功能共同提升了家居生活的品质，让生活更加便捷、高效、安全、舒适和环保。智能家居是智慧社区的重要组成部分，而智慧社区是智慧城市的重要基础，三者的关系如图 1-1 所示。

图 1-1　智能家居、智慧社区与智慧城市的关系示意

2　什么是智慧家居？

智慧家居是由家居传感器、执行器、被控设备、家庭边缘计算

网关、智慧家居服务平台组成的系统，可通过家庭网络实现家居设备之间、设备与人、设备与环境的连接，具有感知、传输、记忆、自学习、自适应的综合智慧能力，能够提高家居生活安全性、健康性、便捷性、舒适性，提升居住生活品质。

3 什么是智慧家庭？

智慧家庭是指以物联网、宽带网络为基础，依托移动互联网、云计算等新一代信息化技术搭建的系统。它通过构建安全、舒适、便利、智能、温馨的居家环境，实现服务的智能化提供、人与家庭设施的双向智能互动。

智慧家庭可以看作是智慧城市理念在家庭层面的体现，是信息化技术在家庭环境的应用落地。智慧家庭是智慧城市的最小单元，它以家庭为载体，利用物联网、云计算、移动互联网和大数据等新一代信息技术，实现健康、低碳、智能、舒适、安全和充满关爱的个性化家居生活方式。智慧家庭是智慧城市的理念和技术在家庭层面的应用和体现。

4 什么是单品智能家居？

单品智能家居是指通过智能手机、控制主机或智能网关、控制面板等对智能单品进行控制。智能单品即智能门锁、智能网关、智能灯具、智能音箱、智能摄像头、智能插座、智能传感器等小件。通常智能单品之间缺乏智能连接，无法形成一整套的智能生活方案，如智能照明不能联动智能门窗，智能家电不能联动环境监控，家庭影院不能联动家庭安防等，站在用户的视角来看，单品带来的体验是割裂的。

5 什么是全屋智能家居？

随着物联网、AI、5G 等技术的发展，智能家居进入万物互联时代。全屋智能家居是指运用物联网、云计算和人工智能等技术，对空间场所内的家居设备进行系统化集中管理，并赋予其人与场景交互能力，成为用户看不见的生活管家。全屋智能的核心价值在于自主感知、自主决策、自主控制、自主反馈的生命力，主要体现在联动、感知与反馈三方面。联动是指海量家居设备物联网化，实现从单品联动到场景联动，最后拓展至室内外联动的全方位一体的智能联动管理系统；感知是指借助各家居设备的自身信息采集能力，以及多传感器网状布局的动态信息抓取能力，为最终智控系统学习用户习惯提供基础数据；反馈是指 AI 引擎作为全屋智能决策中心，实时分析处理用户信息，学习不同用户的不同使用习惯，最终反馈贴合用户个性需求的决策信息至各终端，完成自主服务闭环。

绿米联创 CEO 游延筠认为，全屋智能家居最终要解决的是"做你不想做的事、做你做不到的事、猜你想做的事"，以此达到"润物细无声"的极致用户体验，让用户用自然、舒适、个性化的方式与未来的家进行交流。全屋智能家居示意如图 1-2 所示。

图 1-2　全屋智能家居示意

6　什么是全屋智能 3.0?

全屋智能 3.0 是智能家居行业对全屋智能家居第三个发展阶段

的简称，全屋智能 1.0 发展阶段是指单品智能控制阶段。全屋智能 2.0 发展阶段是指场景互联控制阶段，在此阶段全屋智能家居可以借助物联网技术实现智能终端之间的互联互通，根据用户需求设置在不同场景下各种智能终端的互联控制，组成不同的服务场景，如离家模式、回家模式、观影模式、睡眠模式等，这一阶段的控制方式多为语音控制、手触摸控制、中控屏手势控制等，用于实现原已设定好的场景转换。全屋智能 2.0 发展阶段仍然属于"被动响应"阶段。

全屋智能 3.0 发展阶段提供无感、主动个性化服务，成为用户看不见的助手。此时的全屋智能在设备互联互通且可贯彻用户指令的基础上，可以借助大数据、人工智能及机器学习等技术，构建单用户画像，理解用户生活行为，提供"千人千面"即非标准化的个性化服务——随着自主学习不断深化，用户输出指令的比例将逐渐减少，切实提高用户生活体验。

7 全屋智能家居与单品智能家居有何区别?

全屋智能家居注重于全屋解决方案，在"低碳""安全""健康""舒适"的理念指引下，企业匠心缔造定制化的科技人居生态空间，涵盖智慧入户空间、智慧厨房空间、智慧卫浴空间、智慧客厅空间、智慧卧室空间和智慧阳台空间等六大区域不同个生活场景，真正做到满足用户个性化、高品质、丰富的智慧生活。

全屋智能家居与单品智能家居的区别主要体现在设备连接方式与设备制动响应两个方面。

（1）设备连接方式不同。单品智能家居基本上采用无线蓝牙、Wi-Fi、紫蜂（Zigbee）协议连接，但各生产企业可以根据需要在通用标准协议上进行修改，使得该品牌下的智能单品只能支持企业特定的私有协议，而无法和使用同样标准协议的其他智能单品互联互通，这就导致了传输协议不统一的问题。

全屋智能家居与
智能家居的区别

（2）设备制动响应不同。单品智能家居通过开关面板、智能手机 App 或智能音箱对各家电设备、智能单品进行控制或者简单联动，在这种模式下，用户所体验的"全屋智能"仍是被动式的,即需要指令驱动。全屋智能家居搭载不同模块、采用智能传感器和智能语音控制完成场景间的系统性联动,可根据用户个性化需求,提供主动服务。如在回家模式中,当用户开门进入房间,玄关感应灯就会打开,客厅的灯具、窗帘、空调、电视机、音响等电器也会按设计好程序主动服务,让用户真正体验到生活的轻松便捷,智能高效。

8 全屋智能家居的产业链如何划分?

我国全屋智能家居产业链分为上游、中游、下游3部分,上游为主要元器件及中间件,如 PCB、集成电路、MCU、传感器、电容、LCD 显示屏、OLED 显示屏、通信模块、智能控制器、云平台等,上游还涉及技术层,包括物联网技术与人工智能技术;中游为智能家居设备制造和方案设计,我国全屋智能家居企业主要包括互联网企业、传统家电企业、手机生产商和智能家居创业公司;下游则为智能产品销售渠道,如电商平台、线下门店及商场超市、房地产公司、家装公司等。

9 智能家居有哪些主要功能?

智能家居的功能主要有以下 10 个方面。

(1)安防监控与安全报警。家庭安防监控与安全报警系统,配备 3D 人脸识别智能门锁、智能云摄像头,人体红外感应器,无线门磁感应器,无线烟雾传感器,无线燃气感应器,无线水浸感应器,智能 SOS 呼救器等智能终端,确保用户的生命财产安全,能及时发现安全隐患,发出报警信号并能够及时进行自动处理。

(2)一键触控,居家省心。全屋智能家居中"最强大脑"帮用户管家,集中管理家中所有智能设备,家用电器、照明灯具,娱乐设施等。喊一声语音指令即可控制家中所有电器,给生活带来更舒适的体验。

(3)无主灯智能照明。无主灯智能照明聚焦在"智慧光与健康光"的应用,满足用户在不同空间、不同时间从事不同活动时所需要的"智慧光与健康光",实现"互联网+智能照明+健康照明"的创新照明新时代，让灯光"懂你更懂生活"。

（4）家电联网，便捷舒适。随着 5G、AI、数据算法等前沿技术在全屋智能家中的应用，智能家电能上互联网，通过生态服务平台，引入多方资源，共同为用户提供便捷舒适的生活场景。

（5）环境监控，净化空气。居家环境监控系统可以在客厅、卧室、阳台等不同地方放置温度湿度传感器，监测家里不同区域的温度和湿度，这些数据是可以作为条件来控制家里的空调和加湿器；同时安装空气检测仪、空气净化器等，实时检测室内的细颗粒物（PM2.5）、可吸入颗粒物（PM10）、室内总挥发性有机化合物（TVOC）和二氧化碳（CO_2）的数据，根据这些数据，控制空气净化器进行处理。

（6）健康监测，提出预警。居家健康监测主要通过智能穿戴设备（智能手表、智能手环等）、智能马桶（尿液监测）、智能呼吸监测仪、体重计、智能健身器材、智能电冰箱、油烟机等对人的睡眠、饮食、活动、生活习惯、身体体征等进行实时记录、统计和分析，对不健康生活提出预警，对健康生活提供指导。

（7）绿色低碳，节能减排。全屋智能家居实现家庭能源管控，从多维度进行节能减排。节能减排可以在落实绿色低碳目标的同时降低能源费用的支出。如在家庭用电上，通过监测能耗，有效避开用电高峰期时用电，在电费较低时段集中使用家用电器；若监测到设备处于长期无人使用的情况下，也可根据用户使用习惯自主进行设备管理，如切换设备至节能模式，或彻底关闭设备等。

（8）移动互联，远程遥控。全屋智能家居设有稳定的家庭网络，通过智能网关连接外部移动互联网或光纤网络，用户通过智能手机 App 可远程遥控，对于出门在外时管理家庭非常方便，如回家前可以提前关上窗户、打开空调或地暖设备、调好热水器，回家后就能够享受温度适宜的舒适生活环境。

（9）家庭影院，背景音乐。家庭影院和背景音乐是家庭娱乐的多媒体平台，它运用先进的微计算机技术、无线遥控技术和红外遥控技术，在程序指令的精确控制下，把数字电视机顶盒、网络电视机顶盒、DVD、计算机、影音服务器、高清播放器等多路信号源，根据用户的需要发送到每一个房间的电视机、音响等终端设备上，实现一机共享客厅的多种视听设备。在任何一间屋子，如客厅、卧室、厨房或卫生间等，均可布上背景音乐线，通过一个或多个音源，让每个房间都流淌着美妙的背景音乐。

（10）居家养老，关怀老人。全屋智能家居在居家养老的智能终端设备中植入传感器与电子芯片装置，使老年人的日常生活处于远程监控状态。如果老人走出房屋或摔倒，智能手表或智能手环能立即通知医护人员或亲属，使老年人能及时得到救助服务；智慧居家养老的医疗服务中心会提醒老人准时吃药等，并给出平时生活中的各种健康事项。

10 智能家居主要由哪几部分组成?

智能家居主要由硬件与软件两部分组成。智能家居的主要硬件包括控制主机（又称智能网关）、路由器、家庭网络、各种智能传感器、探测器、红外转发器、智能控制面板、智能手机等，如图 1-3 所示；智能家居的软件按所在的位置不同，一般分为智能家居硬件设备上的嵌入式软件、后台服务器上的软件和智能手机端的应用软件等部分。

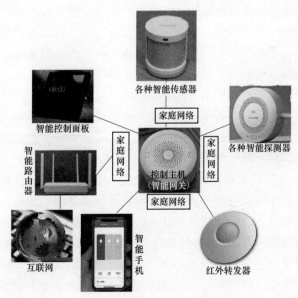

图 1-3 智能家居的主要硬件

第 2 节　智能家居的主要技术

11　智能家居的主要技术有哪些?

智能家居的主要技术包括环境感知技术、数据传输技术和智能控制技术。其中环境感知技术与传感器技术密不可分,主要应用在居住环境与智能家用电器或物体的监测;数据传输技术主要实现对感知数据的传输,进而实现对智能家居中各种智能终端的控制;智能控制技术主要包括数据处理技术、人工智能技术、中间件技术、安全与隐私保护技术等。

12　环境感知技术包括哪些内容?

在智能家居系统中环境感知技术主要包括信息采集、采集数据的处理、自动识别与定位。

信息采集利用各种传感器来完成,传感器将感知到的物理量、化学量或者生物量等转化成能够处理的数字信号。有时需要将传感器嵌入到被控制的家用电器中,这样就可以将传感器、信号处理、控制电路、通信接口和电源等部件组成一体化的微型系统,大幅提高智能家居系统的自动化、智能化和可靠性水平。

采集数据的处理由嵌入式系统构成,包括处理器、存储器等,负责控制和协调节点各部分的工作,存储和处理自身采集的数据以及其他节点发来的数据。

自动识别与定位是指使用一定的识别装置(如摄像头、指纹识别器等),通过被识别物品和识别装置之间的接近活动,自动获取被识别物品的相关信息,并提供给后台的计算机处理系统来完成相关后续处理的技术。识别技术可以区分被识别的物体(或人),有时还需要定位物体的位置、物体移动的情况等,用以实现更加准确的环境感知。目前智能家居中采用的识别技术有图像识别技术、射频识别(RFID)技术、GPS 定位技术、红外感应技术、声音识别技术、动作识别技术(姿态、手势等)、生物特征(指纹、虹膜等)识别技术等。

13　什么是嵌入式系统?嵌入式系统一般由哪几部分构成?

嵌入式系统（Embedded System）是一种"完全嵌入机械或电气系统内部,具有专属功能的计算机系统",美国电气和电子工程师协会（IEEE）对嵌入式系统的定义是:"用于控制、监视或者辅助操作机器和设备的装置。"国内普遍认同的嵌入式系统定义为:"以应用为中心,以计算机技术为基础,软硬件可裁剪,适应应用系统对功能、可靠性、成本、体积、功耗等严格要求的专用计算机系统。"

嵌入式系统一般由嵌入式处理器、嵌入式外围设备、嵌入式操作系统及嵌入式应用程序 4 个部分构成,其中嵌入式处理器与外围设备称为硬件,嵌入式操作系统和应用程序称为软件。

14　嵌入式系统有哪些基本要素?

嵌入式系统是嵌入到对象系统中的专用计算机系统。"嵌入性""计算机系统"与"专用性"是嵌入式系统的 3 个基本要素。对象系统则是指嵌入式系统所嵌入的宿主系统。按照嵌入式系统的定义,只要满足这三个基本要素的计算机系统,都可以称为嵌入式系统。

15　嵌入式系统的体系结构如何?

整个嵌入式系统的体系结构可以分成嵌入式处理器、嵌入式外围设备、嵌入式操作系统及嵌入式应用程序 4 个部分,如图 1-4 所示。其中嵌入式处理器与外围设备称为硬件,嵌入式操作系统和应用程序称为软件。

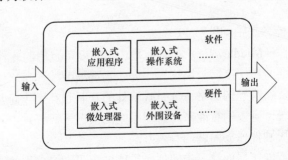

图 1-4　嵌入式系统的体系结构

16 嵌入式系统在智能家居中有哪些应用?

嵌入式系统的应用领域非常广阔,主要包括工业控制、智能家电、交通管理、智能医疗、环境监测、家庭智能管理系统、POS 网络及电子商务和机器人等,如某款背景音乐主机就是一个嵌入式系统,主频 1.2GHz,安卓 4.4 操作系统,运行存储为 1GB,机身存储为 8GB,支持 DLNA、Airplay、Qplay 等协议,主芯片采用 Cortex-A9 4 核嵌入式处理器。该 Cortex-A9 4 核嵌入式处理器即包括 4 个 Cortex-A9 嵌入式微处理器。

17 人工智能的定义是什么? 它有哪些应用?

人工智能(Artificial Intelligence,AI)是一门研究、开发用于模拟、延伸和扩展人的智能的理论、方法、技术及应用系统的新的技术科学。人工智能是计算机科学的一个分支,它企图了解智能的实质,并生产出一种新的能以与人类智能相似的方式做出反应的智能机器,该领域的研究包括机器人、语言识别、图像识别、自然语言处理和专家系统等。

近年来,人工智能的应用领域很多,它能替代人所不擅长的工作,如长时间的疲劳劳动,长时间需要肉眼识别的工作,另外还包括更多的智能化领域,在这些领域需要人工智能帮助提高设备和机器的能力。目前"AI+"已经成为公式,发展至今,人工智能在制造、家居、金融、零售、交通、安防、医疗、物流、教育等行业中均有广泛应用。

18 什么是中间件?

中间件(Middleware)实质上是一组高度可复用的软件,它通过提供标准的程序接口、协议等,屏蔽实现细节,提高软件的易移植性,主要解决异构网络下分布式软件的互联和互操作问题。在目前还缺乏统一有效的智能家居操作系统的情况下,开发中间件是解决智能家居硬件孤岛问题的有效办法。

对于智能家居而言,中间件必须能够满足大量应用的需要;能够运行于多种硬件和操作平台;能够支持分布计算,提供跨网络、硬件和操作平台的透明应用和服务交互；提供标准的接口；提供标准的协议等。智能家居中间件在功能上需要屏蔽异构性，即能够解决智能家居种类繁多的硬件设备问题，并解决这些设备采集的不同的数据格式问题，对不同的数据格式进行转化统一，以方便应用系统进行处理。

中间件还可以实现互操作的服务。在智能家居应用中，一般一个感知设备采集的信息往往需要在多个智能家居子系统中使用。因此，需要解决不同的子系统之间的数据互通与共享问题，使得不同应用系统的处理结果不依赖于各自的计算环境。此外，中间件还可以完成数据预处理的任务，先对采集的原始数据进行过滤、融合、纠错等处理，然后再将其传送给相对应的系统进行后续处理。

19 数据安全与隐私保护在智能家居中有什么重要意义？

随着云计算、大数据、人工智能等技术的不断发展，智能家居市场迅速增长，场景控制模式更加丰富，给家庭生活带来极大的便利性和舒适性。但随着人与设备的连接的增加，智能家居所隐藏的数据安全问题也不容忽视，如采用无线网络传输，信号容易被窃取、入侵或干扰攻击；采用远程网络操控，网络安全威胁提升；传感器节点多，信息量大，安全性差等。还有智慧冰箱通过搭载菜谱推荐、商城购买等功能与企业网络相连，在为用户提供智能、便捷的饮食服务的同时，也要保障个人隐私，防止泄露个人信息。由此可见，如何保证用户的数据安全，保护用户隐私在智能家居中至关重要，安全性也必然会成为用户对智能家居的主要需求。

20 数据安全与隐私保护有哪些主要技术？

数据安全与隐私保护的主要技术有数据发布匿名技术、隐私增强技术、社交网络匿名保护技术、数据水印技术、数据溯源技术、角色挖掘技术和风险自适应的访问控制。总而言之，数据安全与隐私保护需要一个整体框架来集成技术和面向用户的设计，通过智能家居行业基于法规和社会要求的自我治理，解决智能产品的隐私保护和数据安全问题。

21 什么是智能控制？智能家居的控制方式主要有哪些？

智能控制是指驱动智能机器自主地实现其目标的过程，即无需人的直接干预就能独立地驱动智能机器实现其目标的自动控制。智能控制是控制理论发展的高级阶段，主要用来解决那些用传统方法难以解决的复杂系统的控制问题。

智能控制以控制理论、计算机科学、人工智能、运筹学等学科为基础，扩展了相关的理论和技术，其中应用较多的有模糊逻辑、神经网络、专家系统、遗传算法等理论，以及自适应控制、自组织控制和自学习控制等技术。

智能家居的控制方式除触摸屏多模式控制外，主要借助智能手机来实现，即在智能手机上安装智能控制 App 软件，就可以通过手机控制家里灯具和电器的开启和关闭。还可以实现智能云端控制，通过智能家居云控制系统，解决传统智能家电设备之间不能互联互通的问题。智能家居云控制系统包括云端服务器和智能家居用户端，由云端服务器集中对所有智能家居用户端进行集中管理控制，在网络断开时，单个智能家居用户端仍然可工作，由智能家居的临时主机接替云端服务器执行对其他家电设备的控制管理任务。

随着人工智能技术的发展与应用，语音控制或手势控制等也成为智能家居控制方式，以后智能家居还能够借助机器学习、数据挖掘、神经网络、人工智能等，使智能控制具备自己学习的能力，能够自适应环境，实现能满足居住人生活习性的个性化的智能控制。

22 什么是云计算？云计算在智能家居中有哪些应用？

云计算（Cloud Computing）是一种基于互联网的新型计算方式，云是网络、互联网的一种比喻说法，通过这种方式，共享的软硬件资源和信息可以按需提供给计算机和其他设备。

在智能家居领域，云计算已经是一种重要的技术手段，通过云计算建设一个云家，即可更加精准快速地实现对家居设备的控制。用户在获得更好的云服务的同时，成本更加低廉。比如，通过云计算，用户不仅可以实时查看住宅内的风吹草动，并且可以对其进行溯源处理。如家中有人入侵，即便嫌疑人逃遁，也能根据各项传感器反应的时间，调出准确时段的录像记录，为警方提供破案依据。同样，通过对家中各类智能插座、智能开关的数据统筹分析，便能够实现对家庭的能源管控，制定出节能环保、方便舒适的家电灯光使用计划。

当前提供物联网智能终端和传感器服务的主要云平台有小米云、360 云、涂鸦云、萤石（海康威视子公司）云、乐橙云（大华）、腾讯云、华为 IOT 平台、百度云等。

23 什么是大数据？大数据在智能家居中有哪些应用？

大数据（Big Data）是指无法在一定时间范围内用常规软件工具进行捕捉、管理和处理的数据集合，是海量、高增长率和多样化的信息资产，需要借助新的处理模式才能获得更强的决策力、洞察发现力和流程优化能力。

智能家居系统中数据的包含面非常广，既有硬件传感器的数据、也有硬件本身的数据运行状态、也有用户和硬件交互的数据，还有用户通过 App 等客户端产生的数据、更有用户自身的使用习惯和生活场景的数据等，这就导致整体的智能家居所产生数据的积累速度和量都很大。智能家居企业通过云计算、大数据等技术分析用户的消费习惯，了解用户的喜好，从而设计出符合用户需求场景模式，让操作更加简捷方便、安全可靠。

24 大数据与云计算的关系是什么？

大数据与云计算的关系就像一枚硬币的正反面一样密不可分。大数据即是海量数据，要对其进行分布式数据挖掘，需要采用分布式计算架构进行处理；而云计算的分布式处理、分布式数据库和云存储、虚拟化技术就刚好适用。采用分布式大规模的云存储架构，是满足未来智能家居快速发展的必然趋势。

25 什么是人机交互？智能家居中有哪些人机交互的方式？

人机交互，顾名思义就是人和机器系统的互动。它是指通过计算机输入、输出设备，使用某种对话语言（即程序语言），以一定的交互方式完成确定任务的人与计算机之间的信息交换过程。

人机交互系统可以是各种各样的智能终端，也可以是计算机化的系统和软件。人机交互界面通常是指用户可见的部分，用户通过人机交互界面与系统交流并进行操作。人机交互界面的设计要包含用户对系统的理解（即心智模型），体现系统的可用性或用户友好性。

智能家居的人机交互主要分为交互硬件与智慧生活 App 这一类的交互软件；人机交互方式主要有语音交互、触摸交互、手势交互、手机交互、多模态交互等，智能家居的人机交互示意如图 1-5 所示。

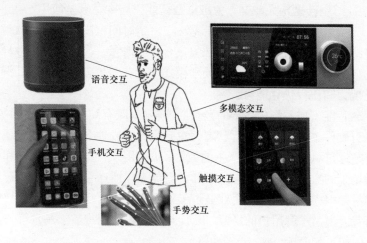

图 1-5　智能家居的人机交互示意

第 3 节　智能家居与家庭网络相关国家标准

26　目前智能家居应遵循哪些国家标准?

2022 年 4 月 10 日《中共中央、国务院关于加快建设全国统一大市场的意见》简称《意见》正式发布。《意见》重点提到要"推动统一智能家居、安防等领域标准，探索建立智能设备标识制度。"一旦这一措施落实，智能家居产品将会打上既符合国家标准又符合安全规范的新的专属标识，消费者在选购智能家居产品的时候，将会更加便捷和放心。

2016 年 11 月 14 日，工业和信息化部联合国家标准化管理委员会发布了《智慧家庭综合标准化体系建设指南》（简称《指南》）。《指南》为推进智慧家庭等新兴信息消费应用推广，建立了完善智慧家庭标准体系，发挥了智慧家庭服务的引领作用，满足了居民个性化、多样化的新型信息消费需求。

2017 年 12 月，国家质检总局、国家标准化管理委员会批准发布了《物联网智能家居　图形符号》（GB/T 34043—2017）、《物联网智能家居　设备描述方法》（GB/T 35134—2017）、《智能家居自动控制设备通用技术要求》（GB/T 35136—2017）及《物联网智能家居　数据和设备编码（GB/T 35143—2017）》等智能家居系列国家标准，重点在文本图形标识、数据和设备编码、设备描述、用户界面、设计内容等五大方面对物联网智能家居进行了详细定义和规范。上述标准已于 2018 年 7 月 1 日起实施。

2019 年 10 月 18 日，国家市场监督管理总局、国家标准化管理委员会发布《智能家用电器系统互操作》（GB/T 38052—1999），一共分为 7 个部分，其中第 1～5 部分于 2020 年 5 月 1 日开始实施，分别为：《智能家用电器系统互操作　第 1 部分：术语》（GB/T 38052.1—2019）、《智能家用电器系统互操作　第 2 部分：通用要求》（GB/T 38052.2—2019）、《智能家用电器系统互操作　第 3 部分：服务平台间接口规范》（GB/T 38052.3—2019）、《智能家用电器系统互操作　第 4 部分：控制终端接口规范》（GB/T 38052.4—2019）、《智能家用电器系统互操作　第 5 部分：智能家用电器接口规范》（GB/T 38052.5—2019）。

27 目前家庭网络应遵循哪些国家标准？

2013 年，由工业和信息化部提出的《家庭网络》（GB/T 30246—2013）发布，共分为 11 个部分。分别为：

《家庭网络　第 1 部分：系统体系结构及参考模型》（GB/T 30246.1—2013）、《家庭网络　第 2 部分：控制终端规范》（GB/T 30246.2—2013）、《家庭网络　第 3 部分：内部网关规范》（GB/T 30246.3—2013）、《家庭网络　第 4 部分：终端设备规范　音视频及多媒体设备》（GB/T 30246.4—2013）、《家庭网络　第 5 部分：终端设备规范　家用及类似用途电器》（GB/T 30246.5—2014）、《家庭网络　第 6 部分：多媒体与数据网络通信协议》（GB/T 30246.6—2013）、《家庭网络　第 7 部分：控制网络通信协议》（GB/T 30246.7—2013）、《家庭网络　第 8 部分：设备描述文件规范　XML 格式》（GB/T 30246.8—2013）、《家庭网络　第 9 部分：设备描述文件规范　二进制格式》（GB/T 30246.9—2013、《家庭网络　第 10 部分：多媒体与数据网络接口一致性测试规范》（GB/T 30246.10—2013）、《家庭网络　第 11 部分：控制网络接口一致性测试规范》（GB/T 30246.11—2013）。

第 4 节　智能家居的发展趋势

28　我国智能家居的发展趋势是什么？

随着 5G、物联网、人工智能、云计算、大数据等新技术的快速发展，加之人脸识别、语音识别、指纹识别等人工智能技术的落地应用，我国智能家居正向着系统耗电低碳化、智能传感微型化、人机交互多元化、环景感知主动化、场景定制个性化、生态系统无界化和销售安装网络化方向发展。

29　什么是系统耗电低碳化？

系统耗电低碳化是指智能家居系统向节能减排，绿色低碳方向发展。智能家的能耗可分为内部耗能和功能性的消耗两部分。内部耗能是指系统要维持正常运营所需要消耗的一部分能量，如智能路由器、智能中控屏、智能传感器、智能插座等长期处在待机状态，家用电器、灯具平时也接通电源，这些耗电统称内部耗能；功能性的消耗是指家用电器、电灯它本来就需要用电才能实现其功能。智能家居的终端与电器、灯具数量非常大，未来智能企业在技术革新的过程中，要侧重研发低功耗节能减排的智能终端产品。如内部采用新能源电池供电待机，增添节能减排模块等。

降低功能性的耗电，除安装节能产品外，还可通过智能传感器实时监控家庭用电、用水、用气情况，自主改善能源使用情况。如当监测到某一时间段内能耗情况异常时，可及时提醒用户检查设备状态，排查因设备故障、电路老化等客观存在造成的能耗增加；当监测到设备处于长期无人使用的情况下，可将切换设备至节能模式或彻底关闭设备。智能家居可以在用户层面拓展能源监测指标，优化监测方法，完善监测精度；同时在外部连接智慧社区、智慧园区、智慧水务等智慧城市的能源管理系统，达到节能低碳的目的。

30　什么是智能传感微型化?

智能传感微型化是指智能家居系统传感器向微型化方向发展。智能传感器是智能家居感知层最重要的部分，是实现各项功能的关键器件，也是数据采集的基础。

智能传感器的发展趋势之一就是微型化，有一种超微型传感器叫智能微尘，它可以探测周围诸多环境参数，能够收集大量数据，进行适当计算处理，然后利用双向无线通信装置将这些信息在相距约 300m 的微尘器件间往来传送。在智能家居中使用智能微尘，可有效减小产品尺寸，降低安装和维护成本，促进智能家居的发展。

31　什么是人机交互多元化?

人机交互多元化是指智能家居系统的人机交互向多元化方向发展。在智能家居向全屋智能发展进程，人和场景的交互方式应是更加直接、自然的状态，用户自主将复杂需求简单化，只要下达简短、直接的指令，场景设置好的模式就会呈现。人机交互多元化被应用于企业相继研发推出的智慧中控屏、智能健身镜和智能感知器等产品。

32　什么是环景感知主动化?

环景感知主动化是指智能家居系统环景感知向无命令式主动服务方向发展。随着全屋智能向 3.0 阶段推进，主动式感知将成为未来的主要发展趋势。全屋智能的核心价值在于自主感知、自主决策、自主控制、自主反馈的生命力。借助智能终端设备的自身信息采集能力，以及多传感器网状布局的动态信息抓取能力，为最终能控制系统学习用户习惯提供基础数据；智能控制决策中心实时分析处理用户信息，学习不同用户的不同使用习惯，最终反馈贴合用户个性需求的决策信息至各智能终端，完成无命令式主动服务。

33 什么是场景定制个性化？

场景定制个性化是指智能家居系统场景定制向"千人千面"方向发展。全屋智能借助主动式感知、大数据、人工智能及机器学习等技术，以场景感知用户需求为主导，通过传感器的感知数据积累，AI 深度学习用户需求，将全量数据（传感数据、设备运行数据、音视频数据等）转化为有效信息，理解用户的生活行为，构建单一用户画像，为特定场景的特定用户提供定制化无感服务，进入"千人千面"的高智能化自主控制阶段。

34 什么是生态系统无界化？

生态系统无界化主要体现在终端互联互通和场景跨界融合两个方面。

全屋智能家居厂家采用不同的组网技术，如蓝牙、Wi-Fi、紫蜂（ZigBee）、总线技术、PLC-IoT 等，这些技术各有千秋，适配不同的终端与应用，未来也很难出现某一种通信技术"一统天下"的局面。所以，在全场景智能的趋势下，智能终端势必要综合多种协议，以便实现不同系统间的互联互通。

随着物联网技术逐步推广应用于各个领域，用户对于智慧化的需求也早已不局限于割裂的单一场景，而是向更美好的"智慧生活"过渡，构建不同行业串联成一体的全场景"智慧网"。换言之，全屋智能家居平台生态的发展将更多融合车联网、远程办公、远程教育、远程医疗、智能穿戴等多个空间场景，构建全场景智能连接。

可以预见的是，随着加快建设全国统一大市场，智能家居领域标准趋同统一，全屋智能家居行业将迎来一场新的融合，实现生态系统无界化。

35　什么是销售安装网络化?

销售安装网络化是指智能家居系统销售安装向网络化方向发展。智能家居产业链下游为智能产品销售渠道,从是否联网的角度可划分为线上渠道与线下渠道,从前装与后装的角度可划分为房地产相关渠道与商场零售渠道。

"互联网＋家装"是智能家居行业和企业逐渐向数字化形态转型。它推动了家装产业的数字化升级,也借助数字化技术手段,从设计、材料采购和施工安装管理等方面加强数字化交付管理,如 VR 看房、实时监控家装装修进度等,都包括智能家居的应用。

第2章

电工电子基础知识

第1节　电工常用电动工具与仪表

36　什么是电动工具？

电动工具是以直流或交流电机为动力的工具总称，是家庭装饰、安装、修理的常用工具。

电动工具主要是由电气部分和机械部分组成的。其中电气部分包括电动机、开关、电源线和电源联接组件等；机械部分包括外壳、传动机构、手柄和输出装置等。

电动机和传动机构与工作头直接相连的称直连式电动工具，通过软轴连接的称软轴式电动工具。

37　智能家居安装有哪些常用电动工具？

智能家居安装的常用电动工具有电动扳手、电动螺钉旋具、电锤、冲击电钻等。

（1）电动扳手、电动螺钉旋具。这两种电动工具是以直流电机为动力，用于螺钉连接件的拆装或拧紧高强度螺栓，比手动更加方便快捷。电动螺钉旋具俗称电动螺丝刀，结合开孔器钻头便可在天花板等地方开孔，开孔器钻头如图 2-1 所示。

（2）电锤。电锤是一种双重绝缘手持式电动工具，具有旋转冲击功能，一般用于混凝土、岩石、砖石砌体等材料上钻孔、开槽、凿毛等作业。某款电锤的外形如图 2-2 所示。

电锤钻头主要有碳化钨水泥钻头、碳化钨十字钻头、尖凿、平凿、沟凿等。其中碳化钨水泥钻头主要用于各种强度等级的混凝土，钻孔直径规格为 5～38mm；碳化钨十字钻头主要用于各种砖材和稍低强度等级混凝土，钻孔较大，直径可以达到 30～80mm；尖凿主要用于破碎作业；平凿主要用于打毛作业；沟凿主要用于开槽作业；空心钻头主要用于钻大孔，其孔径可以达到 40～125mm。

图 2-1　开孔器钻头　　　　　图 2-2　某款电锤的外形

（3）冲击电钻。冲击电钻是一种旋转带冲击的特殊用途的电钻，是同时具备钻孔和锤击功能的电动机具，它既可以作为手电钻使用，又可以作为小型电锤使用，能广泛地应用于室内布线施工。当用于电钻功能时，可将锤、钻调节开关调到标记为"钻"的位置；当用于冲击电钻功能时，可将调节开关调到标记为"锤"的位置，即可用来冲打各种建筑材料的孔洞，通常可冲打直径为 6～20mm 的圆孔。有些冲击电钻具有调节转速的功能，一般有双速和三速两种。需要注意的是，冲击钻必须完全停转后才能进行调速和调钻挡或锤挡。某款冲击电钻的外形如图 2-3 所示。

图 2-3　某款冲击电钻的外形

38 使用电锤与冲击电钻时应注意哪些事项?

（1）使用前应根据钻孔的直径来选择相应规格的电锤钻头,并安装牢固。

（2）使用前首先检查该设备是否完好,其各项安全的要求是否达标,然后在肯定完好的情况下"空机通电"(不装钻头)试验,检查传动部分是否灵活、有无异常杂声、换向器火花是否正常等,确认没有问题后再装上相应规格的钻头工具,开始操作使用。

（3）装钻头时,须将钻头柄擦拭干净,并抹上少量油脂以保证转动灵活。

（4）在作业前还必须清楚预埋电缆、管道的位置,避免在作业时损坏这些预埋的电缆和管道。

（5）钻孔时身体必须保持稳定平衡,以免因钻孔时产生"卡钻"或钻头折断现象而导致设备损坏,甚至引起操作事故。

（6）使用时应先将电锤垂直顶住工作面再按开关,不应用力过大,避免空打和顶死;并应经常拔出钻头排屑。电锤因故障突然停转或卡钻时,应立即关断电源。转速异常降低时应减小压力。电锤和冲击电钻一样具有"调节开关",使用时可以根据需要进行调节,但必须注意不能在使用过程中调节,必须等到电钻停钻后方可调节。

（7）混凝土构件中钻孔,应避开钢筋,如果钻孔时碰到钢筋,应立刻停止作业并重新选位钻孔。

（8）当电锤长时间工作导致机身过热时,应停机使之自然冷却。使用时间超过两天应加一次油脂。严禁用电源线拖曳机具,以防损坏机具及电源线。

（9）电锤使用完毕,要先关控制开关,再拔电源插头。同时清除灰尘和污物,放置在干燥通风的场所保管。注意不要触摸刚作业完的钻头,以免烫伤。

（10）对长期不用的设备还应定期对其进行检查和保养。

39 电气测量仪表有哪几种?

电气测量仪表按被测电流种类的不同,分为交流仪表和直流仪表两大系列。交流仪表主要用于交流电力系统中，如日常生活用电就是 220V 交流电；直流仪表就是测量直流电流、直流电压的仪表，像数字电视机顶盒用电、轨道灯具等的都是直流电，只是它们的电压等级不一样。

电气测量仪表按结构特征的不同，分为模拟指示仪表、数字仪表、记录仪表、积算仪表和比较仪表。指示仪表即指针式仪表，如常见的配电柜（板）上的电流表、电压表。数字仪表指的是测量中被测量电流或电压等模拟量，经模数转换器，把模拟量换成数字量（简称模数转换）。数字仪表以数字的形式显示被测量，读数直观，一般包括测量电路，模数转换和数字显示 3 部分。

电气测量仪表按安装方式的不同，可分为安装式和携带式。安装式即固定安装在屏柜、箱上。

40　钳形电流表的结构是怎样的？

钳形电流表由电流互感器和电流表组成，互感器的铁心制成活动开口，且呈钳形，活动部分与手柄相连，当紧握手柄时，电流互感器的铁心张开，可将被测截流导线置于钳口中，将截流导线成为电流互感器的一次侧线圈。关闭钳口，在电流互感器的铁心中就有交变磁通通过，互感器的二次绕组中产生感应电流。电流表接于二次绕组两端，它的指针所指示的电流值与钳入的截流导线的工作电流成正比，可以直接从刻度盘上读出被测电流值。钳形电流表的外形如图 2-4 所示。

图 2-4　钳形电流表的外形

41　指针式万用表的结构是怎样的？

指针式万用表主要由表头、测量电路、转换开关等组成。MF47型万用表的外形如图 2-5 所示，它由表头指针、表盘、机械调零旋钮、转换开关、零欧姆调节旋钮、表笔插孔和晶体管插孔等组成。

图 2-5　MF47 型万用表的外形

（1）表头。表头是指针式万用表的重要组成部分，它实际上是一块高灵敏度磁电式直流微安表。表头的好坏在很大程度上决定了万用电表性能的优劣，表头一般由指针、表盘、磁路系统及偏转系统组成，它的满刻度偏转电流一般只有几个微安至几百个微安，满刻度偏转电流越小，表头灵敏度也就越高。MF 47 型万用表使用的是内阻 3.6kΩ、满度电流为 50μA 的直流表头，而 500 型万用电表使用的是内阻 2.8kΩ、满度电流为 40μA 的直流表头。

（2）测量电路。测量电路的作用是将不同性质和大小的被测电学量转换为表头所能接受的直流电流。为了实现不同测量项目和测量量程（或倍率），在万用表的内部设置了一套测量电路。一般来说，万用表的测量电路是由多量程直流电流表、多量程直流电压表、多量程整流式交流电压表和多量程欧姆表等测量线路组合而成。在某些万用表中，还附加有电容、电感、晶体管直流放大倍数和温度测量等测量电路。

（3）转换开关。指针式万用表的转换开关又称量程选择开关。万用表中各种测量种类及量程的选择是靠转换开关来实现的。转换开关里面有固定接触点和活动接触点，当固定接触点和活动接触点闭合时可以接通电路。

42　数字式万用表的结构是怎样的?

数字式万用表主要由直流数字电压表（DVM）和功能转换器构成，数字电压表是数字万用表的核心，它由数字部分及模拟部分构成，主要包括 A/D（模拟/数字）转换器、显示器（LCD）、逻辑控制电路等。数字式万用表的结构如图 2-6 所示。

从图 2-6 中可以看出，被测量经功能转换器（电阻/电压、电压/电压、电流/电压）后都变成直流电压量，再由 A/D 转换器转换成数字量，最后以数字形式显示出来。

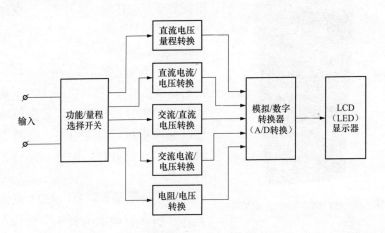

图 2-6　数字式万用表的结构

A/D 转换器是数字式万用表的核心，它采用单片大规模集成电路。大规模集成电路采用内部异或门输出，可驱动 LCD 显示器，耗电小。它的主要优点是单电源供电，且电压范围较宽，使用 9V 叠层电池，以实现数字式万用表的小型化，输入阻抗高，可利用内部的模拟开关实现自动调零与极性转换；缺点是 A/D 转换速度较慢，仅能满足常规电测量的需要。三位半数字式万用表大多采用 ICL7106（或 TSC7106、TC7106）型 CMOS 单片 A/D 转换器。

下面以 DT9205 型数字式万用表为例，介绍数字式万用表的结构。

DT9205 型数字式万用表中的主电路采用典型数字式万用表专用集成电路 ICL7106，性能稳定可靠；由于技术成熟、应用广泛，因而性价比高，且价格低到初学者均可接受；具有精度高、输入电阻大、读数直观、功能齐全、体积小巧等优点。

DT 9205 型数字式万用表如图 2-7 所示，它由 LCD、电源开关、测量选择开关、表笔插孔和晶体管插孔等部分构成。

（1）LCD。DT 9205 型数字式万用表的 LCD 有 $3\frac{1}{2}$ 位数字，可

图 2-7 DT 9205 型数字式万用表

以直接显示三位半数字字符，小数点根据需要自动移动，负号"－"根据测量结果自动显示，最大可显示"1999"或"－1999"。

（2）测量选择开关。测量选择开关的功能是选择不同的测量挡位，转动此开关可分别测量电阻、直流电压、交流电压、直流电流、交流电流、二极管的好坏、电容、晶体管的 h_L 等。

（3）表笔插孔。DT 9205 型数字式万用表的面板上有 4 个插孔，标有"COM"字样的为黑（负极）表笔插孔，即公共端插孔；标有"V/Ω"是电压、电阻测量插孔，即红（正极）表笔插孔；标有"20A"是安培级大电流测量插孔，在测量 200mA～20A 范围内的直流电流时，红表笔插入该插孔；标有"mA"是毫安级电流测量插孔，在测量 2～200mA 范围内的直流电流时，红表笔插入该插孔。

（4）晶体管插孔。控制面板的左下角是晶体管插孔，插孔左边标注为"NPN"，检测 NPN 型晶体管时插入此孔；插孔右边标注为"PNP"，检测 PNP 型晶体管时插入此孔。将转换开关置于 h_{FE} 挡，根据管子是 PNP 或 NPN 型，将其引脚插入对应的插孔中，即可读出该管子的 h_{FE} 值。

43 怎样正确使用数字式万用表？

使用数字式万用表时首先应根据被测参数，转动选择开关，选择对应的测量挡位。

（1）电阻挡的使用。数字式万用表的电阻挡量程一般分为 200Ω、2kΩ、20kΩ、200kΩ、2MΩ、20MΩ 及 200MΩ 共 7 挡。测量时将红表笔的插头插入"V/Ω"插孔，把量程开关有短黑线的那端置于"Ω"范围的适当挡位上，接通电源开关（拨到"ON"处），红、黑表笔分别接到被测电阻器的两端，显示屏即可显示出电阻值。如果测出的结果为无穷大，或者量程开关应置于"MΩ"挡而错置于"kΩ"挡时，显示屏左端将出现"1"的字样。所以最好是采用大挡位的量程来进行测试。

（2）直流电压挡的使用。用数字式万用表测量直流电压时，应根据被测电源电压的高低，将量程开关有短黑线的那端旋至"V-"内适当的挡位，其量程分为 200mV、2V、20V、200V 及 1000V 共 5 挡。测量时将黑表笔的插头插入"COM"插孔，红表笔的插头插入"V/Ω"插孔，红、黑表笔分别接在直流电源的正、负极上，此时显示屏上便会显示测得的直流电压值。如果将量程开关的挡位拨错，则显示屏左端将出现"1"的字样。

（3）交流电压挡的使用。用数字式万用表测量交流电压时，表笔所插插孔与测直流电压时相同。根据被测交流电压的估计数值，将量程开关转至"V～"内适当的挡位上，其量程分为 200mV、2V、20V、200V 及 750V 共 5 挡。测量时用红、黑表笔分别接在交流电源两端上，这时显示屏上便会显示测得的交流电压值。测量前要检查表笔绝缘棒是否完好，有无裂痕现象。测量时，表笔不需区分正负极。

（4）直流电流挡的使用。用数字式万用表测量直流电流时，当估计被测直流电流小于 200mA 时，红表笔的插头应插入"mA"插孔，按照估计值的大小，选择"DCA"内的挡位，其量程分为 2mA、20mA、200mA 及 20A 共 4 挡。将数字式万用表串接在测试回路中，即可显示读数。若估计被测电流大于 200mA 时，则把量程开关拨至"20A"处，再将红表笔的插头插入"20A"插孔，此时显示屏读数以 A 为单位。

44　使用数字式万用表时有哪些注意事项？

（1）了解性能，掌握方法。在使用数字式万用表前应仔细阅读说明书，熟悉电源开关、功能及量程转换开关、功能键、输入插孔、专用插口、旋钮的作用，掌握各项目的测量方法。并要了解仪表的极限参数，出现过载显示、极性显示、低电压指示、其他标志符显示以及声光报警的特性。测量之前还应检查表笔有无裂痕，引线的绝缘层有无破损，表笔位置是否插对，以确保操作人员的安全。

（2）注意使用或存放环境。数字式万用表不能在高温、烈日、高湿度、灰尘多的环境中使用或存放，否则容易损坏数字显示屏的液晶材料和其他元器件。焊接时，电烙铁应尽量远离液晶显示器，以便减少热辐射。

（3）注意外界电磁干扰。数字式万用表输入阻抗高，在高灵敏度挡，特别是在 200mV 挡使用时，周围空间的杂散电磁场干扰信号会窜入机内，显示一定数值，这时可将红、黑表笔接触一下，干扰就会自行消除。通常在测低内阻电压信号时，干扰信号可忽略不计，测微弱的高内阻电压信号时，表笔导线应用屏蔽线。有条件时，最好把"COM"插孔接地。

（4）注意表笔引线电阻值。使用数字式万用表的 200Ω 挡测量低电阻时，应先将两支表笔短路，测出两表笔导线的电阻值（一般为 0.1～0.3Ω），然后从测得的阻值中减去此值，那才是该电阻的实际阻值。对于 2kΩ～2MΩ 挡，两表笔导线的电阻值可忽略不计。

（5）严禁带电测量电阻。测量电阻时，两手应持表笔的绝缘杆，不得碰触表笔金属端或元件引出端，以免引起测量误差。严禁在被测线路带电的情况下测量电阻，也不允许测量电池的内阻。因为这相当于在仪表输入端外加了一个测试电压，不仅使测试结果失去意义，还容易引起过载，甚至损坏仪表。

（6）检查电解电容应放电。检查电器设备上的电解电容时，应切断设备上的电源，并用一根导线把电解电容的正、负极短路一下，防止电容上积存的电荷经过数字式万用表泄放，损坏仪表。有的操作者习惯用表笔线代替导线，对电容器进行短路放电，这是不对的，很容易将表笔的芯线烧断。

（7）更换电池极性要正确。若将电源开关拨至"ON"位置，液晶不显示任何数字，应检查叠层电池是否失效，若显示低电压指示符号，需更换新电池。换新电池时，正、负极性不得插反，否则数字式万用表不能正常工作，还极易损坏集成电路。

（8）用完及时关电源。为了延长电池的使用寿命，每次用完时应将电源开关关闭。长期不用，要取出电池，防止因电池漏出电解液而腐蚀印制电路板。

（9）不要随意打开万用表拆卸线路。不要随意打开万用表拆卸线路，以免造成人为故障或改变出厂时调好的性能指标，表盖里面贴有喷铝纸屏蔽层，不得揭下。屏蔽层与 COM 的引线不得拆断。

（10）更换熔丝要一致。数字式万用表常用的熔丝管有 0.5A、0.2A、0.3A 3 种规格，更换熔丝管时必须与原来的规格一致。

（11）应定期进行检验。为保证万用表的测量准确度，应定期（每隔半年或一年）进行检验。标准表的准确度比被校表高一级，如用 4½ 位的表校 3½ 位的表。

45 绝缘电阻表的结构是怎样的？

绝缘电阻表也称兆欧表，俗称摇表，它是专供用来检测电气设备、供电线路绝缘电阻的一种可携式仪表。绝缘电阻表标度尺上的单位是"兆欧"，用"MΩ"表示，$1MΩ=10^3kΩ=10^6Ω$。

手摇直流发电机绝缘电阻表的种类很多，但基本的结构相同，主要由一个磁电系的比率表和高压电源（常用手摇发电机或晶体管电路产生）组成。手摇直流发电机绝缘电阻表（ZC21-4 型）由一个手摇发电机、表头和 3 个接线柱（线路端、接地端和屏蔽端）组成，其外形如图 2-8 所示。

图 2-8 手摇直流发电机绝缘电阻表（ZC21-4 型）外形

46 接地电阻测量仪的结构是怎样的？

接地电阻测量仪又叫接地电阻表，它是一种专门用于直接测量各种接地装置的接地电阻值的仪表。ZC29B-1 型接地电阻测量仪外形如图 2-9 所示。

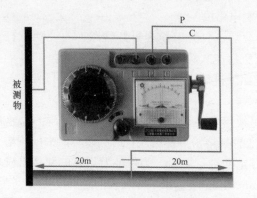

图 2-9　ZC29B-1 型接地电阻测量仪外形

接地电阻测量仪主要由手摇发电机、电流互感器、电位器以及检流计组成，其附件有两根探针，分别为电位探针和电流探针，还有 3 根不同长度的导线（5m 长的用于连接被测的接地体，20m 的用于连接电位探针，40m 的用于连接电流探针）。用 120r/min 的速度摇动摇把时，表内能发出 110～115Hz、100V 左右的交流电压。

接地电阻测量仪通过手摇发电机进行电流输出，电流经过大地后会向周围散开。通常接地越远，检流计器上显示的电流也越小。实际测量时需将检流计指针调到零再进行测试，才能计算出具体电阻值。

数字接地电阻测试仪结构上采用高强度铝合金作为机壳，电路上为防止工频、射频干扰采用锁相环同步跟踪检波方式并配以开关电容滤波器，使仪表有较好的抗干扰能力；采用 DC/AC 变换技术将直流变为交流的低频恒定电流以便于测量；不需人工调节平衡，采用 3½ 位 LCD 显示，除测地电阻外，还可测低电阻导体电阻、土壤电阻率以及交流地电压。如若测试回路不通，则表头显示"1"代表溢出，符合常规测量习惯。BY2571 型数字接地电阻测试仪外形如图 2-10 所示。

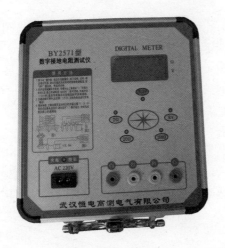

图 2-10　BY2571 型数字接地电阻测试仪外形

第 2 节　识读电气控制图

47　什么是电路?什么是电路图?

电路是电流的路径,如手电筒电路由电池、电灯泡、开关及导线连接起来组成。电池的作用是提供电能即电源;开关和导线的作用是控制和传递电能,称为中间环节;电灯泡是消耗电能的用电器,它能将电能转变为光能,故称为负载。因此,电路是由电源、中间环节和负载 3 部分组成的。电路有通路、断路与短路 3 种状态。

用一些简单的图形符号代替实物画出的图形称为电路原理图,简称电路图。电子电路图是电子产品和电子设备的"语言"。它是用特定的方式和图形文字符号描述的,可以帮助读者尽快地熟悉电子设备的构造、工作原理,了解各种元器件的连接以及安装。通过对电子电路图的识读,可以了解电子设备的电路结构和工作原理。

48　什么是电气图? 什么是电气原理图? 什么是电气工程图?

电气图是用来描述电气控制设备结构、工作原理和技术要求的图纸,是电气线路安装、调试和维修的理论依据,是沟通电气设计人员、安装人员和操作人员的通用语言。识读电气图是电工进行智能家居安装与调试必需的技能之一。

电气原理图是用来表明设备电气的工作原理及各电器元件的作用，相互之间的关系的一种表示方式。电气原理图一般由主电路、控制电路、保护、配电电路等几部分组成。

电气工程图又称电气施工图，它用来阐述电气工程的构成和功能，描述电气装置的工作原理，提供安装和维护使用的信息，指导电气工程施工等。电气工程图的特点有：①主要表现形式是简图；②描述的主要内容是元件和连接线；③基本要素是图形、文字和项目代号；④基本布局有功能布局法和位置布局法两种；⑤具有多样性。

49 电气工程图如何分类？

电气工程有电子工程、电力工程、工业控制、建筑电气等不同的应用范围，其要求大致是相同的。电气工程图主要分为以下几种：

（1）电气工程系统图。电气工程系统图反映了系统的基本组成，是表现各种电气设备安装方式及其相互关系的图，如照明工程的照明系统图和变配电工程的供配电系统图等。

（2）电气工程平面图。电气工程平面图是指在建筑工程平面图的基础上描述各种电气设备与线路平面布置的工程图，是智能家居安装过程中各种电气设备和线路安装、布置的重要依据，如某住宅插座、电源点位置平面图，如图 2-11 所示。

（3）电气设备电路图。电气设备电路图是指某一具体电气设备或系统工作原理的图样，用来具体描述某电气设备或电气系统的安装和调试等。

（4）电气工程安装接线图。电气工程安装接线图是指某一电气设备内部各种元件之间位置关系和连线的图样，应与电气设备电路图对照阅读。

（5）其他相关资料。与智能家居安装维修电气工程图相关的资料包括电气工程设计说明、图例、安装说明和主要材料设备的资料等，这些资料主要说明电气工程所使用的设备和材料的名称、规格、型号、数量等。

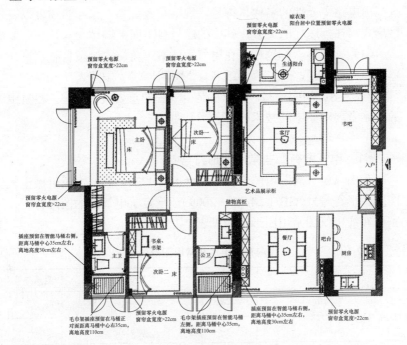

图 2-11　某住宅插座、电源点位置平面图

50　电气图由哪几部分组成?

电气图一般由电路、技术说明和标题栏 3 部分组成。

（1）电路。电路是电气图的主体，按功能又分为主电路和辅助电路两部分。主电路又称一次回路，是电源向负载输送电能的电路，包括电源设备（发电机、变压器、供电线路等）、控制开关、熔断器和负载等。主电路在电气图中用粗实线表示，位于辅助电路的左侧或上部；辅助电路又称二次回路，是对主电路进行控制、保护、监测、批示的电路，一般包括继电器、仪表、指示灯等。辅助电路用细实线表示，位于主电路的右侧或者下部。

（2）技术说明。电气图中的文字说明和元件明细表等总称为技术说明。文字说明是为了注明电路的某些要点及安装要求等，通常写在电路图的右上方，若说明较多，也可附页说明。元件明细表用来列出电路中元件的名称、符号、规格和数量等。元件明细表以表格形式写在标题栏的上方，其中的序号自下而上编排。

（3）标题栏。标题栏画在电气图的右下角，它的项目有"设计单位名称""工程名称""图纸名称""设计人""制图人""审核人""批准人"等，均应填写。标题栏是电气图的重要技术档案，栏目中的签名者要对图中的技术内容各负其责。

51 电气图有哪些常用图形符号?

我国《电气简图用图形符号》（GB/T 4728）和《工业机械电气图用图形符号》（GB/T 24340—2009），规定了电气图的图形符号，室内布线电气图常用图形符号见表 2-1。

表 2-1 室内布线电气图常用图形符号

名称	图形符号	名称	图形符号
直流电	==	接地	
交流电	∼	接机壳	
交直流通用	≈	导线、电缆和母线（总线）	
正极	+	三根导线	 或 3
负极	−	动合（常开）触点	
开关一般符号		动断（常闭）触点	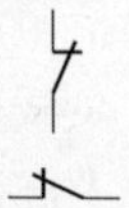
手动操作开关一般符号	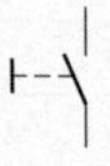	当操作器件被吸合时延闭合的动合（常开）触点	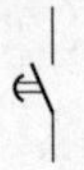
动合（常开）按钮	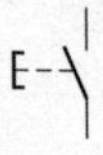	当操作器件被释放时延时断开的动合（常开）触点	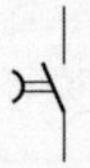

续表

名称	图形符号	名称	图形符号
动断（常闭）按钮		当操作器件被释放时延时闭合的动断（常闭）触点	
带动断（常闭）和动合（常开）触点的按钮		当操作器件被吸合时延时断开的动断（常闭）触点	
具有动合触点但无自动复位的旋转开关		吸合时延闭合和释放时延时断开的动合（常开）触点	
位置开关和限制开关（动合触点）		隔离开关	
位置开关和限制开关（动断触点）		三极隔离开关	
三极开关（单线表示）		负荷开关	
三极开关（多线表示）		三极负荷开关	
接触器（在非动作位置触点断开）		接近开关动合（动合）触点	
接触器（在非动作位置触点闭合）		接触传感器	
断路器		接触开关动合（动合）触点	
三相断路器		熔断器一般符号	
跌开式熔端器		电动机启动器一般符号	

名称	图形符号	名称	图形符号
熔端器式开关		导线的连接	或
熔端器式隔离开关		导线的双重连接	或
熔端器式负荷开关		导线不连接	
火光间隙		插头或插座	
避雷器		双绕组变压器一般符号	或
电流表	A	自耦组变压器一般符号	或
电压表	V	电抗器、扼流圈一般符号	或
功率表	W	电喇叭	
电度表（瓦时计）	Wh	电铃	
检流计		电阻加热装置	
灯的一般符号	⊗		

52　电气平面图有哪些常见图形符号?

电气平面图常用图形符号见表 2-2。

表 2-2　　　　　　　　电气平面图常用图形符号

名称	图形符号	名称	图形符号
明装单极开关（单极二线）跷板式开关		安装 I 形插座　50V-10A，距地 0.3m	
暗装单极开关（单极二线）跷板式开关		暗装调光开关调光开关，距地 1.4m	
明装双控开关（单极三线）跷板式开关		金属地面出线盒	
暗装双控开关（单极三线）跷板式开关		防水拉线开关（单相二线）	
暗装按钮式定时开关 250V-6A		拉线开关（单极二线）	
明装按钮式定时开关 250V-6A		拉线双控开关（单极三线）	
明装拉线式多控开关 250V-6A		明装单相二极插座	
暗装按钮式多控开关 250V-6A		明装单相三极插座（带接地）	
电铃开关　250V-6A		明装单相四极插座（带接地）	
天棚灯座（裸灯头）		暗装单相二极插座	
墙上灯座（裸灯头）		暗装单相二极插座	
开关一般符号		暗装单相四极插座（带接地）	
单极开关		暗装单相二极防脱锁紧型插座	
暗装单极开关		壁龛电话交接箱	
密闭（防水）单极开关		室内电话分线盒	
防爆单极开关		扬声器	
双极开关		广播分线箱	

名称	图形符号	名称	图形符号
暗装双极开关		电话线路	—F—
密闭（防水）双极开关		广播线路	—S—
防爆双极开关		电视线路	—V—
三极开关		手动报警器	
暗装三极开关		感烟火灾探测器	
密闭（防水）三极开关	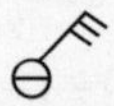	感温火灾探测器	
防爆三极开关		气体火灾探测器	
单极拉线开关		火警电话机	
单极限时开关		报警发声器	
具有指示灯的开关		有视听信号的控制和显示设备	
双控单极开关（单极三线）	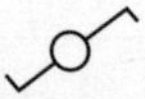	发声器	
暗装单相三极防脱锁紧型插座		电话机一般符号	
暗装三相四极防脱锁紧型插座		照明信号	

53 电气图中有哪些常用基本文字符号?

电气图中常用的基本文字符号见表 2-3，导线敷设方式文字符号见表 2-4，导线敷设部位文字符号见表 2-5。

表 2-3　　　　　　　电气图中常用的基本文字符号

名称	单字母	双字母
放大器	A	
激光器	A	

名称	单字母	双字母
电桥	A	AB
晶体管放大器	A	AD
集成电路放大器	A	AJ
电子管放大器	A	AV
印制电路板	A	AP
变换器、传声器	B	
扬声器、耳机	B	
电容器	C	
数字集成电路和器件	D	
延迟线	D	
双稳态元件	D	
单稳态元件	D	
磁性存储器	D	
寄存器	D	
发热器	E	
照明灯	E	EH
空气调节器	E	EL
避雷器	F	EV
具有瞬时动作的限流保护器件	F	
具有迟时和瞬时动作的限流保护器件	F	FA
熔断器	F	FR
限压保护器件	F	FU
发电机	G	FV
直流发电机	G	
交流发电机	G	GD
同步发电机	G	GA
异步发电机	G	GS

名称	单字母	双字母
电池或蓄电池	G	GA
声响指示器	H	GB
指示灯、光指示器	H	A
继电器	K	HL
交流继电器	K	
双稳态继电器	K	KA
接触器	K	KL
极化继电器	K	KM
时间继电器	K	KP
簧片继电器	K	KT
电感器、电抗器	L	KR
电动机	M	
直流电动机	M	
交流电动机	M	MD
同步电动机	M	MA
异步电动机	M	MS
运算放大器	N	MA
测量仪表	P	
电流表	P	PA
（脉冲）计数器	P	PC
电度表	P	PJ
电压表		PV
断路器	Q	QF
电动机保护开关	Q	QM
隔离开关	Q	QS
转换开关	Q	QC
电阻器、变阻器	R	

续表

名称	单字母	双字母
电位器	R	RP
热敏电阻器	R	RT
压敏电阻器	R	RV
控制开关、选择开关	S	SA
按钮开关	S	SB
变压器	T	
自耦变压器	T	TA
整流变压器	T	TR
稳压器	T	TS
互感器	T	
电流互感器	T	TA
电压互感器	T	TV
整流器	U	
逆变器	U	
变频器	U	
晶体三极管	V	
晶体二极管	V	VT
电子管	V	VD
天线	W	VE
阵列天线	W	
振子天线	W	WA
环形天线	W	WD
抛物面天线	W	WL
八木天线	W	WP
接线柱	X	WY
插头	X	
插座	X	XP

续表

名称	单字母	双字母
测试插孔	X	XS
端子箱（板）		XT
电磁铁	Y	YA
起重电磁铁	Y	YL
电磁离合器	Y	YC
电动阀	Y	YM
滤波器	Z	

表 2-4   **导线敷设方式文字符号**

导线敷设方式	新符号	旧符号
暗装方式	E	M
明装方式	C	A
金属软管	F	
穿焊接钢管敷设	SC	G
穿电线管敷设	TC	DG
穿 PVC 硬管敷设	PC	VG
穿阻燃半硬 PVC 管敷设	FPC	ZVG
绝缘子或瓷柱敷设	K	GP
PVC 线槽敷设	PR	XC
钢线槽敷设	SR	GC
穿蛇皮管敷设	CP	SPG
用瓷夹板敷设	PL	CJ
用塑料夹敷设	PCL	VJ
用电缆桥架敷设	CT	
塑料阻燃管	PVC	
厚壁钢管	RC	

表 2-5 导线敷设部位文字符号

导线敷设部位	新符号	旧符号
沿钢索敷设	SR	S
沿墙面敷设	WE	QM
沿屋架敷设	BE1	LM1
跨屋架敷设	BE2	LM2
沿柱敷设	CLE1	ZM1
跨柱敷设	CLE2	ZM2
沿天棚或顶面敷设	CE	PM
在能进人的吊顶内敷设	ACE	PNM
暗敷设在墙内	WC	QA
暗敷设在地下	FC	DA
暗敷设在梁内	BC	LA
暗敷设在柱内	CLC	ZA
暗敷在不上人的吊顶如	ACC	PNA
暗敷设在屋面或顶板内	CC	PA

54 识读电气图的基本要求是什么？

对智能家居安装调试人员来说，识读电气图的主要目的是指导施工、安装调试智能面板、插座、灯具等设备，涉及的知识面很广，基本要求如下。

（1）了解有关电气工程的各种标准和规范，特别是导线的表示法、电气图形与文字符号及其意义、线路及照明灯具的标注方法。

（2）熟悉电气元件的结构和原理。每一个电气图都是由各种电气器件构成的，如在配电电气图中常用到配电箱、控制开关、断路器、熔断器等。因此，在看电气图时，首先要搞清这些电气元件的性能、相互控制关系及其在整个电路中的地位和作用，才能看懂电流在整个回路中的流动过程和工作原理。

（3）通过电气图中的图形符号和文字符号，找出图中标示的电气元件的安装位置，布线方式、导线型号等。

（4）熟悉常用电气图的特点。各种电气图都有一些独特的绘制和表示方法，只有了解各种电气的特点，才可能明白电气图所表达的含义。如电气照明施工平面图主要内容包括：①进户线的位置、导线规格、型号、根数、引入方法（架空引入时注明架空高度，从地下敷设引入时注明穿管材料、名词、管径等）；②主配电箱、分配电箱的位置；③各用电器材、设备的平面位置、安装高度、安装方法、用电功率；④线路的敷设方法，穿线器材的名词、管径，导线名词、规格、根数；⑤从各配电箱引出回路的编号等。

（5）掌握电气工程图识图的基本方法和步骤等相关知识。

55 识读电气图的方法是什么？

（1）从简单到复杂，循序渐进地识图。一般来讲，识读电气图都要本着从易到难、从简单到复杂的原则看图，复杂的电路都是简单电路的组合，从看简单的电路图开始，搞清每一个电气元件的作用，理解电路的工作原理，为看复杂电路做好准备。

（2）结合电工、电子的基础知识识图。电工学主要涉及的就是电器和电路。电路通常分为主电路和辅助电路。主电路一般包括发电机、变压器、开关、熔断器、电容器、电力电子器件和负载（如电动机）等；辅助电路一般包括继电器、仪表、指示灯、控制开关等。电器是电路不可缺少的组成部分。在智能家居控制电路中，常常用到各种智能开关、电动窗帘、多功能网关、空调控制器、智能插座、调光控制器等。识图者应了解这些器件的性能、工作原理、结构及在控制电路中的相互关系。

（3）结合典型单元电路识图。不管电路有多复杂，都是由典型单元电路派生来的，或是由若干个典型单元电路组合而成的。如在智能家居控制电路中，常有灯光控制、电器控制、窗帘控制、安防控制等典型单元电路，熟悉并掌握各种典型单元电路，有利于理解复杂电路，能在短时间内将复杂电路分解成若干主次环节，厘清相互关系，抓住核心部分，从而看懂较复杂的电路。

（4）结合电气图的绘制特点识图。各种电气图都有绘制要求，如主电路和辅助电路在图纸上的位置、线条的粗细等。当图纸是垂直放置时，识图应从上到下；当图纸是水平放置时，识图应从左到右，掌握了这些绘图特点，对识图是有帮助的。

56 识读电气图的步骤是什么?

（1）阅读标题栏，看图纸说明。图纸说明包括图纸目录、技术说明、电气件明细表和施工说明书等。识图时，首先看图纸说明，弄清设计内容和施工要求，这样有助于了解工程概况和项目内容，进而了解图纸内容，工程所需要的设备、材料型号、规格和数量等。

（2）看系统图。看系统图的目的在于了解系统基本构成，主要电气设备、元件的规格、型号、参数以及相互关系等。如绿米智能控制系统如图 2-12 所示。

（3）看平面图。看平面图的目的在于掌握电气设备的规格、型号、数量及线路的起始点、敷设部位、敷设方式和导线根数等。绿米智能家居中的插座、电源点位置平面图见图 2-11。平面图和系统图要结合起来看，电气平面图确定位置，电气系统图确定关系。看平面图时，还应弄清安装现场的土建情况，了解土建平面概况和电气设备的分布情况，结合剖面图进一步弄清设备的空间布置，以便制订安装计划，安排组织施工。

（4）看安装接线图。看安装接线图的目的是掌握电气设备的布置与接线。看安装接线图时，要先看主电路，再看辅助电路。看主电路时，从电源引入端开始，顺次经控制元件和线路到用电设备；看辅助电路时，要从电源的一端到电源的另一端，按元件的顺序对每个回路进行分析研究。回路标号是电器元件间导线连接的标记，标号相同的导线原则上都是可以接到一起的。要弄清接线端子板内外电路的连接情况，内外电路的相同标号导线要接在端子板的同号接点上。

（5）看电气原理图。安装接线图是根据电气原理图绘制的，对照电气原理图看安装接线图可以帮助理解。看电气原理图的目的是掌握智能家居中电气设备的电气控制原理，以指导设备安装、调试等工作。安装接线图确定接线位置，电气原理图确定工作原理。

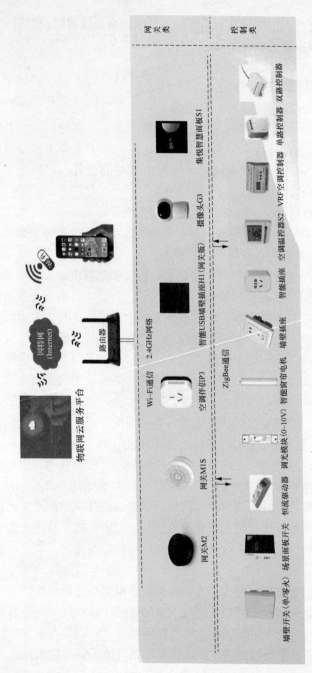

图 2-12 绿米智能控制系统

（6）看设备材料表。设备材料表提供了该工程所使用的设备，材料的型号，规格和数量，是购置设备、材料计划的重要依据之一。但材料表要与平面图一一对照，以免造成型号、规格和数量上的误差。

57　怎样识读电气照明平面图？

智能家居电气照明采用无主灯设计，对灯具布线要求高，下面以某智能家居开关点位置平面图为例，介绍如何识读电气照明平面图。某智能家居开关点位置平面图如图 2-13 所示。

由图 2-13 可知，该开关点位置平面图是典型的三室二厅型住宅，所示开关共有 4 种，分别为一位单控开关、二位单控开关、三位单控开关和智慧屏开关。随着开关控制灯具数量的不同，放线根数也不一样。其中最简单的是一个开关控制灯，开关为单极情况下，电源进线及开关至灯具间导线根数均为两根。三位单控开关至少要布 4 根导线，即 3 根相线、1 根中性线。开关与导线上标注的数字表示导线的序号，即灯具上的布线要与开关上的布线一致，如图 2-14 所示。

在安装开关时要把智慧屏开关放在第一位，其他照明开关放在其后面；布线时要预留中性线供电；采用 86 型底盒安装。

58　怎样识读弱电系统平面图？

弱电系统平面图通常由电源插座、电话插座、网线插座、有线电视插座、电视投影插座等组成，用图形符号来说明弱电装置、设备和线路的安装位置、相互关系和敷设方法等。某智能家居网络点位平面图如图 2-15 所示。

图 2-15 中，预留网线 CAT 6E 表示要用超六类网线，其带宽可达到 300MHz；插座安装位置在平面图上用标注安装标高或用施工说明来表示，图形符号上标有"L"字样表示安装位置离地面 300mm，图形符号上标有"H"字样表示安装位置离地面 140mm。

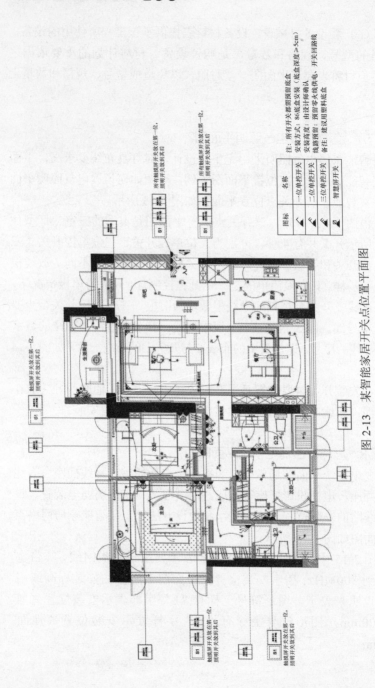

图 2-13 某智能家居开关点位置平面图

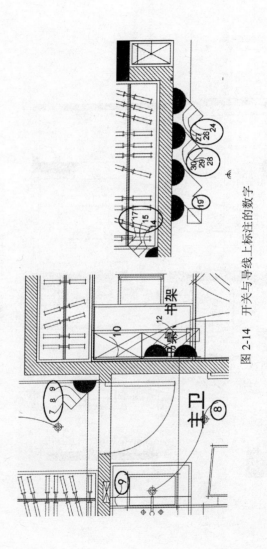

图 2-14 开关与导线上标注的数字

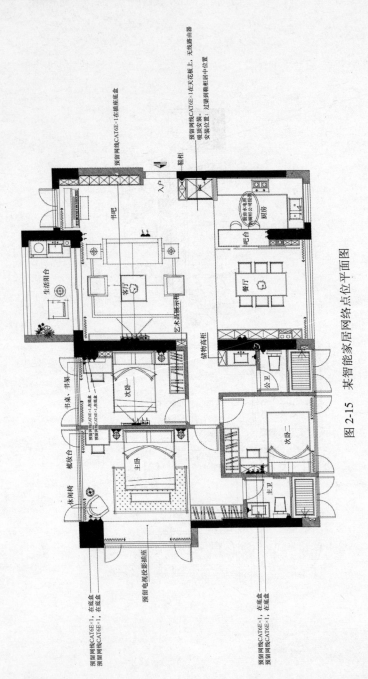

图 2-15　某智能家居网络点位平面图

第 3 节　低 压 配 电

59　供配电系统由哪几部分组成？

供配电系统由高低压配电线路、变电站（包括配电站）及用电设备组成。

（1）高低压配电线路。高低压配电线路是指从降压变电站把电力送到配电变压器或将配电变电站的电力送到用电单位的线路。高压配电线路电压为 3.6～40.5kV；低压配电线路是指配电站（所）或杆上变压器 400V 及以下出线到末端用户的线缆。

（2）变电站。变电站是电力系统中对电压和电流进行变换，接受电能及分配电能的场所。变电站内的电气设备分为一次设备和二次设备。一次设备指直接生产、输送、分配和使用电能的设备，二次设备是指对一次设备和系统的运行工况进行测量、监视、控制和保护的设备。

（3）用电设备。用电设备按用途可分为动力用电设备、工艺用电设备、电热用电设备、实验用电设备和照明用电设备等。

60　住宅建筑低压配电设计应遵循哪些国家标准？

住宅建筑低压配电设计应遵循国家现行标准《低压配电设计规范》（GB 50054—2011）、《住宅建筑电气设计规范》（JGJ 242—2011）与《民用建筑电气设计标准（共二册）》（GB 51348—2019）等，《民用建筑电气设计标准（共二册）》的主要技术内容包括：①总则；②术语和缩略语；③供配电系统；④变电所；⑤继电保护、自动装置及电气测量；⑥自备电源；⑦低压配电；⑧配电线路布线系统；⑨常用设备电气装置；⑩电气照明；⑪民用建筑物防雷；⑫电气装置接地和特殊场所的电气安全防护；⑬建筑电气防火；⑭安全技术防范系统；⑮有线电视和卫星电视接收系统；⑯公共广播与厅堂扩声系统；⑰呼叫信号和信息发布系统；⑱建筑设备监控系统；⑲信息网络系统；⑳通信网络系统；㉑综合布线系统；㉒电磁兼容与电磁环境卫生；㉓智能化系统机房；㉔建筑电气节能；㉕建筑电气绿色设计；㉖弱电线路布线系统。

61 什么是 IP 防护等级？低压配电产品的 IP 防护等级如何规定？

IP 防护等级是针对电气设备外壳对异物侵入的防护等级。IP 是用来认定防护等级的代号，由两个数字组成，第一位数（I）表示防尘，第二位数（P）表示防水，数字越大表示其防护越佳。如 IP68 为 IP 最高等级，表现为可以完全防止灰尘的侵入，也可以防止沉没的影响，将产品无期限的沉没在一定水压的条件水下，产品仍可以正常运作。

IP 防护等级的数字含义见表 2-6。

表 2-6　　　　　　　　P 防护等级的数字含义

第一位数（I）	防尘	第二位数（P）	防水
	数字含义		数字含义
0	没有防护对外界的人或无特殊防护	0	无防护的没有防护
1	防止直径大于 50mm 的固体物侵入	1	防止滴水侵入垂直滴下的水滴
2	防止直径大于 12.5mm 的固体物侵入	2	防止垂直方向 15° 范围内滴水侵入
3	防止直径大于 2.5mm 的固体物侵入	3	防止垂直方向 60° 范围内滴水侵入
4	防止直径大于 1.0mm 的固体物侵入	4	防止任何方向的飞溅水侵入
5	完全防止外物侵入	5	防止任何方向的喷射水侵入
6	尘密完全防止外物侵入	6	防止海浪或强烈喷水侵入
		7	防止浸水影响
		8	防止沉没时水的侵入

《住宅建筑电气设计规范》（JGJ 242—2011）规定了室外电源进

线箱防护等级不低于 IP54，其含义为防尘 5 级、防水 4 级，可以完全防止灰尘侵入，也可以防止各方向飞溅而来的水侵入。

62　什么是隔离开关？住宅建筑为何要安装带隔离功能的开关电器？

隔离开关是一种没灭弧装置的控制电器，其主要功能是隔离电源，以保证其他电气设备的安全检修，因此不允许带负荷操作。隔离开关结构简单，从外观上能一眼看出其运行状态，检修时有明显断开点。

《住宅建筑电气设计规范》（JGJ 242—2011）6.2.2 规定："住宅建筑每个单元或楼层宜设一个带隔离功能的开关电器，该开关电器可独立设置，也可设置在电能表箱里，其作用是保障检修人员的安全，缩小电气系统故障时的检修范围。带隔离功能的开关电器可以选用隔离开关，也可以选用带隔离功能的断路器"。

63　三相电源进户的条件是什么？

采用三相电源供电的住户一般建筑面积比较大，可能占有二、三层空间。为保障用电安全，在居民可同时触摸到的用电设备范围内应采用同相电源供电。每层采用同相供电容易理解也好操作，但三相电源供电的住宅不一定是占有二、三层空间，也可能只有一层空间。在不能分层供电的情况下就要考虑分房间供电，每间房单相用电设备、电源插座宜采用同相电源供电。一个房间内 2.4m 及以上的照明电源可不受相序限制，但一个房间内的电源插座不允许出现两个相序。

64　采用三相电源供电的住宅应注意什么？

《住宅建筑电气设计规范》（JGJ 242—2011）规定：采用三相电源供电的住宅应考虑三相负荷平衡；套内每层或每间房的单相用电设备、电源插座宜采用同相电源供电；6 层及以下的住宅单元宜采用三相电源供配电，当住宅单元数为 3 及 3 的整数倍时，住宅单元可采用单相电源供配电；7 层及以上的住宅单元应采用三相电源供配电，当同层住户数小于 9 时，同层住户可采用单相电源供配电。

65 低压配电线路的接地形式有哪些?

低压配电系统的接地方式根据《交流电气装置的接地设计规范》（GB 50065—2011）、国家《农村低压电力技术规程》（DL/T 499—2001）、《交流电气装置的过电压保护和绝缘配合》（DL/T 620—1997）等标准采用了与国际上相同的方式，即 TT、YN、IT 形式。

（1）TT 接地形式。TT 接地形式是指电力系统必须有一点直接接地，用电设备的外露可导电部分也必须接地，所有外露导电部分通过保护线连接在一起，接到电力系统共同的接地极上。TT 接地形式如图 2-16 所示。

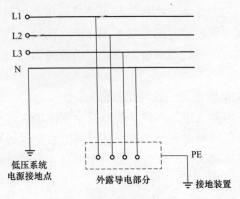

图 2-16 TT 接地形式

（2）TN 接地形式。TN 接地形式是指电力系统所有电气设备的外露导电部分接在保护线上，与配电系统中的接地点相连接。这个接地点通常是配电系统的中性点。按照中性线与保护线组合情况，又可分为 TN-S 系统、TN-C 系统及 TN-C-S 系统 3 种。

1）TN-S 系统。整个系统的中性线（N）与保护线（PE）是分开的，如图 2-17 所示。

2）TN-C 系统。整个系统的中性线（N）与保护线（PE）是合一的，如图 2-18 所示。

3）TN-C-S 系统。系统中前一部分线路的中性线与保护线是合一的，如图 2-19 所示。

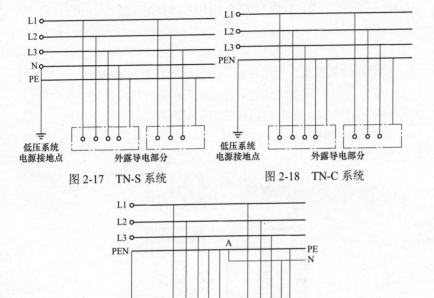

图 2-17　TN-S 系统　　　　　图 2-18　TN-C 系统

图 2-19　TN-C-S 系统

（3）IT 接地形式。IT 接地形式的电力系统中性点不接地或经过高阻抗接地，用电设备的外露可导电部分经过各自的 PE 线接地。这种系统多在停电少的厂矿用电系统，它的优点是各自设备的 PE 线是分开的，所以相互之间无干扰，电磁适应性比较好。IT 接地形式如图 2-20 所示。

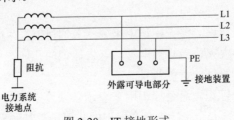

图 2-20　IT 接地形式

第4节　安全用电与触电急救

66　什么是安全用电标识? 安全用电标识有哪些?

　　安全用电标识由安全色、几何图形和符号构成,用来表达特定的安全信息。安全用电标识有禁止标识、警告标识、命令标识、提示命令标识和补充标识等,如图 2-21 所示。

图 2-21　安全用电标识

　　(1)禁止标识。禁止标识主要用来表示不准或制止人们的某些行为,如禁止吸烟、禁止通行、禁止攀登、禁止烟火、禁止跨越等。禁止标识的几何图形是带斜杠的圆环,斜杠与圆环相连用红色,图形符号用黑色,背景用白色。

　　(2)警告标识。警告标识用来警示人们可能发生的危险,如注意安全、当心火灾、当心触电等。警告标识的几何图形是黑色的正三角形,黑色符号、黄色背景。

　　(3)命令标识。命令标识用来表示必须遵守的命令,如必须戴安全帽、必须系安全带等。命令标识的几何图形是圆形,蓝色背景,白色图形符号。

（4）提示命令标识。提示命令标识用来示意目标的方向，标识的几何图形是方形，绿、红色背景，白色图形符号及文字。

（5）补充标识。补充标识是对前 4 种标识的补充说明，有横写和竖写两种，横写的为长方形，写在标识的下方，可以和标识连在一起，也可以分开；竖写的写在标识杆上部。

67 什么是电气安全？电气安全包含哪些方面？

电气安全是指电气产品质量，以及安装、使用、维修过程中不发生任何事故，如人身触电死亡、设备损坏、电气火灾、电气爆炸事故等。

电气安全包括人身安全与设备安全两方面。人身安全是指电工及其他参加工作人员的人身安全；设备安全是指电气设备及其附属设备、设施的安全。

68 什么是安全电压？什么是安全电流？

（1）所谓安全电压是指对人身安全危害不大的电压。电压值一般为 36V、24V 及 12V。

在各种不同的情况下，人体的电阻值也是不相同的。一般约为 800Ω，实验分析证明，人体允许通过的工频极限电流约为 50mA，即 0.05A。在此前提下再据欧姆定律计算，得知人体允许承受的最大极限工频电压约为 40V。故一般取 36V 为安全电压。

（2）交流电对人体的危害比直流电大。频率为 50Hz 的交流电对人体触电所造成的危害最为严重，而高频率的交流电，由于趋肤效应，电流只有很小部分通过人体的心脏部位，因此它往往只对人体造成灼伤，很少会有生命危险。50Hz 交流电通过人体时人体的生理反应见表 2-7。

表 2-7　　　50Hz 交流电通过人体时人体的生理反应

电流范围/mA	通电时间	人体的生理反应
0~0.9	连续	没有感觉

续表

电流范围/mA	通电时间	人体的生理反应
0.9～3.5	连续	开始有感觉，手指手腕等处有痛感，没有痉挛，可以摆脱带电体
3.5～4.5	数分钟以内	有些不适的麻木，轻微痉挛，反射性的手指肌肉收缩
5.0～7.0	30s以内	手感到有痛楚，且表面有痉挛
8.0～10		全手病态痉挛、收缩，且麻痹
11～12		肌肉收缩，痉挛传至肩部，强烈疼痛
13～14		手全部自己抓紧，须用力才能放开带电体
15		手全部自己抓紧，不能放开带电体
30～50	数秒到数分	心脏跳动不规则，昏迷、血压升高、强烈痉挛，时间过长即引起心室颤动
50～数百	低于心脏搏动周期	受到强烈冲击，但未发生心室颤动
超过数百	超过心脏搏动周期	昏迷，心室颤动，接触部位留有电流通过痕迹
	低于心脏搏动周期	在心脏搏动周期特定的相位触电时，发生心室颤动、昏迷，接触部位留有电流通过痕迹
	超过心脏搏动周期	心脏停止跳动，昏迷，可能致命电伤

69 什么是接地装置？接地保护的类型有哪几种？

接地保护可分为防雷接地、保护接地、工作接地及重复接地。

（1）防雷接地。为了将自然界中产生的直接雷击和感应雷电流及时泄放到大地，通常将避雷针、避雷线或避雷器等设备进行接地，称为防雷接地。

（2）保护接地。为了保障人身安全、防止间接触电事故，将电气设备的金属外壳或金属构架等通过接地装置与大地可靠地连接起来，称为保护接地。因此在电气线路施工中，除架设相线（火线）和中性线外，还要专门接一根地线，这根地线应按严格的要求埋入地下，这样在电源插座上就有相线、中性线和地线3个插孔。很多家用电器按规定必须使用带地线的三孔插座，以确保用电安全。

（3）工作接地。为了保证电气设备正常工作，将电路中的某一点通过接地装置与大地可靠地连接起来，通常对设备外壳与机架接地，称为工作接地，接地处用 E 表示。

（4）重复接地。在中性点直接接地的低压电网中，为了确保安全，还应在中性线的其他地方进行 3 点以上的接地，称为重复接地。

70　什么是接地装置?

接地装置分为接地体和接地线两部分，埋入地中的金属导体称为接地体，连接电气设备的金属导线称为接地线。接地装置示意如图 2-22 所示。

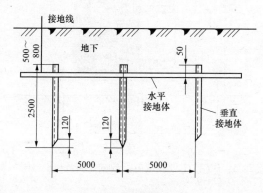

图 2-22　接地装置示意

71　家庭用电接地有何要求?

为了保护家庭的安全，做到安全用电，家庭用电系统必须埋设保护接地线。把各种电器的金属外壳、框架等用接地装置与大地可靠连接。

新建住宅楼一般都要有接地装置，老式住宅一般都没有接地装置，应补装。自建住宅应设计安装接地装置。

接地装置的安装要求有两点：①接地装置的接地电阻必须小于 4Ω；②接地极一般不能少于 2 根。

在埋设人工接地体之前，应先挖一个深约 1m 的地坑，然后将接地体打入地下，上端露出坑底约 0.2m，供连接接地线用。接地体打入地下的深度应不小于 2m。在特殊场所埋设接地体时，如果深度达不到 2m，而且接地电阻不能满足要求，则应在接地体周围放置食盐、木炭并加水，以减小接地电阻。

72 如何测量接地电阻？

测量接地电阻要用图 2-9 或图 2-10 所示的接地电阻测量仪测量接地电阻。BY2571 型接地电阻测试仪测量接地电阻示意如图 2-23 所示。

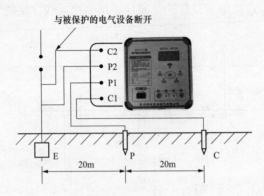

图 2-23　BY2571 型接地电阻测试仪测量接地电阻示意

（1）沿被测接地极 E（C2、P2）和电位探针 P1 及电流探针 C1，依直线彼此相距 20m，使电位探针处于 E、C 中间位置，按要求将探针插入大地。

（2）用专用导线将地阻仪端子 E（C2、P2）、P1、C1 与探针所在位置对应连接。

（3）开启地阻仪电源开关"ON"，选择合适挡位轻按一下键，该挡指示灯亮，表头 LCD 显示的数值即为被测得的地电阻。

73 厨房安全用电应注意哪些事项？

厨房的家用电器非常多，功率大，经常使能，所以厨房安全用电比较重要。厨房安全用电除正确使用各种电器外，还应注意以下几点。

（1）厨房的电线和插座要避开水源和火源。厨房内的配电线路要安装漏电保护装置，配线位置尽量远离洗涤盆，严禁配电线在盛水容器下面或燃气灶具的上方通过。冰箱不能靠近灶台，一是防止影响冰箱内的温度；二是容易导致冰箱沾水，出现漏电现象。

（2）厨房内的所有家用电器设备必须定期清除表面油污、灰尘等，清洁时必须切断电源；不经常使用的电器应该放在柜子里。每隔 3~6 个月集中使用清洁剂将附着于电器上的油烟做一次彻底的清理，并定期做好保养维修工作以消除隐患。

（3）在使用厨房电器时，要避免空转（如榨汁机、豆浆机）、空烧（如微波炉、电饭煲）。电饭煲、电磁炉、电热锅等可移动的电器，用毕除应关掉开关外，还应把插头拔下，以防因开关失灵而长时间通电，损坏电器，引起火灾。尽量为厨房小家电找一个与水源或水蒸气源相对远一些的地方放置，避免电器受潮后漏电。

（4）牢固树立安全用电意识，养成湿手不接触电器的习惯，避免触电。

（5）电气设备非带电金属外壳必须按规定接地，并确保接地电阻不大于 4Ω。

74　客厅安全用电应注意哪些事项？

客厅的家用电器比较集中，人员活动频繁，安全用电应注意以下几点。

（1）养成人"离电器切断电源"的好习惯。客厅的电视、音响、冬天取暖器等使用完毕之后，不要只用遥控器关机，最好把电源插头也一起拔掉；在雷雨季节，雷电会通过电线击毁电器，更容易"引雷入室"。电热水壶底座要保持清洁干燥，防止烧开水时沸水溢出到底座，用完后要拔掉电源插头，防止触摸电热水壶底座触电。

（2）移动电源插座（排插）不要插多个大功率的电器，取暖器最好插在墙壁上的固定电源插座上，如因场地限制，宜选用大功率的移动电源插座。如果闻到有非常刺鼻的塑料燃烧的气味时，应立即关闭家里电源总闸开关，用手摸检查电器发热的电源线，及时排除故障。

（3）要经常保持移动电源插座的表面清洁干燥。如果不小心将水倒到了桌面上，应及时擦干净，千万不能让移动电源插座进水。

（4）要防止儿童接触电源插座。客厅中安装的低位电源插座，距离地面只有 30mm 左右，要防止儿童一时好奇将手指或其他异物塞进插孔内，破坏插座内部的同时，又威胁到儿童的安全，宜给电源插座安装保护罩。

75 卧室安全用电应注意哪些事项？

卧室是我们生活和休息的地方，客厅安全用电的注意事项也适合卧室，除此之外，还应注意以下几点。

（1）手机不要放床边充电。在床边安装插座虽然感觉便利，对于家居安全来说却是一个隐患。手机放在床边充电，以防万一手机爆炸，不仅直接伤害到床上的人，还可能点燃床上用品，引发火灾。

（2）小心使用电热产品。冬天取暖，不宜在床上使用电热毯。电热毯内遍及电热丝，软床过于柔软，会将电热毯卷弯曲叠，这样容易折断电热丝引发火灾。若老人需使用，可在睡前给空被窝预热后拔掉电热毯的电源插头。

（3）落地灯、床头灯等可移动灯饰，要与窗帘等布艺产品保持一定的安全距离。因为灯泡表面的温度高，布料等易燃物接触灯泡表面或者距离很近，在很短的时间内就会着火焚烧，引起火灾。

（4）及时观察电器有无异常。在使用过程中，如发现充电器、台灯等有冒烟、冒火花、发出焦煳的异味等情况，应立即关掉电源开关，停止使用。

76 卫浴间安全用电应注意哪些事项？

卫浴间较潮湿，水蒸气及尘埃易使电气装置绝缘度降低。厨房安全用电的有关注意事项也适合卫浴间，除此之外，还应注意以下几点。

（1）安装局部等电位盒。卫浴间的等电位就是在墙体靠近地面 30cm 左右的位置设计一个小铁盒，里面会安装上铜排和对应的电线。将卫浴间内的电器装置、金属物件以及可导电的部分全部用导体联结起来，减小电位差以消除危害。

（2）卫浴间的照明、取暖、排气开关，宜安装在卫浴间门外的墙上。如果确实要安装在室内，应选用防水型开关，确保人身安全。

（3）卫浴间内应安装防水型安全盖的电源插座，避免出现电源插座进水的现象。明装电源插座距地面应不低于 1.8m，暗装插座距地面不低于 30cm。

（4）卫浴空间的线路一定要做密封防水和绝缘处理。

77　哪些家用电器应采用接地保护？

家用电器设备由于绝缘性能不好或使用环境潮湿，会导致其外壳带有一定静电，严重时会发生触电事故。为了避免出现事故，可在电器的金属外壳上面连接一根保护地线，将保护地线的另一端接入大地，一旦电器发生漏电时接地线会把静电带入到大地释放掉。

一般有金属外壳或金属容器的家用电器的电源线都配有接地线（三极插头），或在使用说明书中都特别强调该家电外壳必须良好接地，并且在金属外壳上有明显的接地点螺丝。常见的带接地线或要求接地的家用电器有洗衣机、空调、热水器、微波炉、电烤箱、电暖气、食品加工机、台式电脑的机箱等。

78　人体触电有哪几种类型？

人体触电大致可以分为直接接触触电、间接触电及其他类型触电 3 种。

（1）直接接触触电。直接接触触电又可分为单相触电和双相触电。

1）单相触电是最为常见的触电方式，即人站在地面上或在其他接地体上，而人体的某一部分接触一相带电体而引发的触电。此类触电的危险程度与带电体电压、鞋袜绝缘条件、地面状态有关。

2）双相触电是指人体的两处不同部位同时接触到两相带电体时的触电。双相触电的危险程度主要取决于接触电压和人体电阻。

（2）间接触电。间接触电又可分为接触电压触电和跨步电压触电。

1）接触电压触电是指运行中的电气设备因为各种原因造成的接地故障或漏电时，人体立于地面接触到漏电设备外壳后会使人体两部分形成电位差，继而造成触电事故，此类触电被称为接触性电压触电。

2）跨步电压触电指的是人体进入地面带电的区域时，因为地面电位分布不均导致人的两脚间电位不同而造成的触电。防雷装置附近、可落雷的高大树木或场所的周边地面易发生跨步电压触电，若遇到此类触电威胁，最好将双脚并在一起，或用单脚跳出带电区。

（3）其他类型触电。其他类型触电又分为空间放电、残余电荷触电和感应电压触电。

1）空间放电指的是发生在高压场所的触电，如高压危险的标志区域，雷电区域等。雷电天气站在大树下或高处时遭受的触电就是典型的空间放电。

2）残余电荷触电是指人体接触到未完全放电的设备时，电荷对人体的放电事故被称为残余电荷触电。

3）感应电压触电是指人体触及带有感应电压的设备和线路时的触电被称为感应电压触电，多发生在电力线路的工作之中。

79 触电抢救的基本原则是什么？

触电抢救的基本原则是"迅速、就地、准确、坚持"。

（1）"迅速"就是要争分夺秒、千方百计地使触电者脱离电源，然后将受害者放到安全的地方。这是现场抢救的关键。

（2）"就地"就是为了争取抢救时间，应在现场（安全地方）就地抢救触电者。

（3）"准确"就是抢救的方法和施行的动作姿势要合适、得当。

（4）"坚持"就是抢救必须坚持到底，直至医务人员判定触电者确实已经死亡、已无法救活时才能停止抢救。绝不能只根据没有呼吸或脉搏擅自判定伤员死亡而放弃抢救。

80 触电急救方法有哪些？

（1）脱离电源。应争分夺秒，首要任务是迅速切断电源，按当时的具体环境和条件，采用最快、最安全的办法，切断电源或使患者脱离电源。

（2）现场立即进行心肺复苏。对呼吸微弱、不规则甚至停止，但心搏尚在者，应立即口对口进行人工呼吸和（或）胸外按压，并应同时准备行气管插管正压呼吸。对心搏停止者，应立即行胸外按压，因为电击后存在假死状态，人工呼吸、胸外心脏按压必须坚持不懈进行，直至患者清醒，或出现尸僵、尸斑为止，不可轻易放弃，可由几个人轮流操作，对心室纤颤者应用直流电除颤。

（3）对症支持治疗。主要是维持呼吸、稳定血压，积极防治脑水肿、急性肾衰竭等并发症，早期使用降温疗法，纠正水电解质及酸碱失衡，防止继发感染。

81　遇到电气设备着火怎么办？

在生活当中，有时候会遇到电气设备出现着火现象，遇到这种情况，不要着急，要找到相应措施进行灭火。

（1）应立即将有关设备的电源切断，然后进行救火。

（2）如果是发电机、电动机设备着火，可以用干式灭火器或1211 灭火器灭火，不得使用泡沫灭火器灭火。

（3）地面上的绝缘油着火，应用干沙灭火。

（4）扑救可能产生有毒气体的火灾（如电缆着火等）时，扑救人员应使用正压式消防空气呼吸器。

第 5 节　电子技术基础知识

82　什么是二极管？它的作用是什么？它有哪些主要参数？

二极管的管芯是一个 PN 结，由 P 区接出的引线为二极管的正极，由 N 区接出的引线为二极管的负极，用管壳封装后就制成二极管。在电力电子器件中二极管称为不可控器件，包括功率整流二极管、肖特基二极管、齐纳稳压管和二极管组件。

二极管在家用电器中的作用主要有整流、稳压、开关等，还有常见的发光指示作用。

普通二极管的主要参数有最大整流电流 I_F、最高反向工作电压

U_R、最大反向电流 I_R 和最高工作频率 f_M。

83　什么是晶体三极管?它在结构上有何特点?

晶体三极管是 P 型和 N 型半导体的有机结合,两个 PN 结之间的相互影响,使 PN 结的功能发生了质的飞跃,具有电流放大作用。晶体三极管按结构粗分有 NPN 型和 PNP 型两种。

晶体三极管是在一块半导体基片上制作两个相距很近的 PN 结,两个 PN 结把整块半导体分成 3 部分,中间部分是基区,两侧部分是发射区和集电区。基区的宽度做得非常薄,发射区掺杂浓度高,即发射区与集电区相比具有杂质浓度高出数百倍。3 个区引出相应的电极,分别为基极 b、发射极 e 和集电极 c。

84　什么是三极管的特性曲线?

三极管的特性曲线就是在不同的基极电流下绘制出来的集电极电流与其集电极电压的关系曲线。因此有几种基极电流,就有几条这种曲线,叫做特性曲线簇。三极管的特性曲线体现了三极管外部各极电压和电流的关系,又称伏安特性曲线。它不仅能反映三极管的质量与特性,还能用来定量地估算出三极管的某些参数。三极管的输出特性曲线如图 2-24 所示。

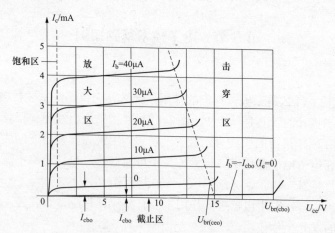

图 2-24　三极管的输出特性曲线

85　晶体三极管的作用是什么？它有哪些主要参数？

晶体三极管主要的作用是电流放大和作为无触点开关。

晶体三极管的主要参数为直流参数和极限参数。

（1）直流参数。

1）集电结反向饱和电流 I_{cbo} 是指发射极开路，集电结加反向电压时测得的集电极电流。常温下，硅管的 I_{cbo} 在 μA（10^{-9}）的量级，通常可忽略。

2）集电极－发射极反向电流 I_{ceo} 是指基极开路时，集电极与发射极之间的反向电流，即穿透电流，穿透电流的大小受温度的影响较大，穿透电流小的管子热稳定性好。

3）发射极－基极反向电流 I_{ebo} 是指集电极开路时，在发射极与基极之间加上规定的反向电压时发射极的电流，它实际上是发射结的反向饱和电流。

4）直流电流放大系数 β 是指共发射接法，没有交流信号输入时，集电极输出的直流电流与基极输入的直流电流的比值，即 $\beta = I_c/I_b$。

（2）极限参数。

1）集电极最大允许电流 I_{cm}。集电极电流 I_c 超过一定值时，三极管的 β 值会下降。当 β 值下降到正常值的 2/3 时所对应的集电极电流，称为集电极最大允许电流 I_{cm}。

2）集电极最大允许功耗 P_{cm}。晶体管工作时，集电极电流在集电结上将产生热量，产生热量所消耗的功率就是集电极的功耗 P_{cm}。功耗与三极管的结温有关，结温又与环境温度、管子是否有散热器等条件相关。手册上给出的 P_{cm} 值是在常温下 25℃时测得的。硅管集电结的上限温度为 150℃左右，锗管为 70℃左右，使用时应注意不要超过此值，否则管子将损坏。

3）反向击穿电压 $U_{br(ceo)}$。反向击穿电压 $U_{br(ceo)}$ 是指基极开路时，加在集电极与发射极之间的最大允许电压。使用中如果管子两端的电压 $U_{ce} > U_{br(ceo)}$，集电极电流 I_c 将急剧增大，这种现象称为击穿。三极管击穿将造成三极管永久性的损坏。一般情况下，三极管电路的电源电压 E_c 应小于 $1/2U_{br(ceo)}$。

4）特征频率。因为 β 值随工作频率的升高而下降，频率越高，β 下降得越严重。三极管的特征频率 f_T 是指 β 值下降到 1 时的频率值。就是说在这个频率下工作的三极管，已失去放大能力，即 f_T 是三极管使用中的极限频率。

86　晶闸管的作用是什么？

晶闸管广泛用于家用电器、工业控制与自动化生产，它的作用主要在以下方面。

（1）整流。晶闸管能把交流电信号变换成大小可调的直流脉动电信号，通常称作可控整流。在电子电路中半导体二极管整流电路属于不可控整流电路，如果把半导体二极管换成晶闸管，就可以构成可控整流电路。

（2）无触点开关。无触点开关就是利用晶闸管的触发导通原理，实现多种自动控制。在电力或电子电路中，通常用晶闸管作为交流回路或直流回路的开关器件，对电路实施快速接通或切断。

（3）变频与调压。可把某一频率的交流电源变换成频率可调或电压可调的交流电，即进行交流变频和调压。

（4）逆变。可把直流电变换成交流电，即进行逆变。

（5）调速、调光、调温。通过控制晶闸管的导通时间来改变负载上交流电压的大小，从而对电动机等进行调速，对家用灯具进行调光，对电热供暖电器进行调温。

87　简单的晶闸管调光电路原理是什么？

简单的晶闸管调光电路如图 2-25 所示。

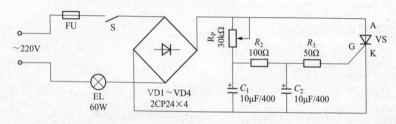

图 2-25　简单的晶闸管调光电路

晶闸管在工作过程中，它的阳极（A）和阴极（K）与电源和白炽灯 EL 连接，组成晶闸管的主电路，晶闸管的门极（G）和阴极（K）与控制晶闸管的电位器 R_P、电阻、电容连接，组成晶闸管的控制电路。在图 2-25 中，白炽灯的亮度受单向晶闸管 VS 的控制。将电路中的电位器 R_P 的阻值调小时，单向晶闸管 VS 的导通角增大，白炽灯亮度增强；电位器 R_P 的阻值调大时，单向晶闸管 VS 的导通角减小，白炽灯亮度减弱。该电路还可用于电热器加热温度的调节。

88 什么是集成电路？

集成电路（Integrated Circuit，IC）俗称芯片，是 20 世纪 50 年代后期至 20 世纪 60 年代发展起来的一种新型半导体器件。它是经过氧化、光刻、扩散、外延、蒸铝等半导体制造工艺，把构成有一定功能的电路所需的半导体、电阻、电容等元件及它们之间的连接导线全部集成在小块硅片上，然后焊接封装在一个管壳内的电子器件。其封装外壳有圆壳式、扁平式、单/双列直插式等多种形式。

89 什么是集成运算放大器？集成运算放大器有哪些分类？

集成运算放大器简称集成运放，是具有高放大倍数的集成电路。它的内部是直接耦合的多级放大器，整个电路可分为输入级、中间级、输出级 3 部分。输入级采用差分放大电路以消除零点漂移和抑制干扰；中间级一般采用共发射极电路，以获得足够高的电压增益；输出极一般采用互补对称功放电路，以输出足够大的电压和电流，其输出电阻小，负载能力强。

集成运算放大器通常分为通用型、功率型、高速型、高压型、低温漂型、高输入阻抗、高精度、低功耗、宽频带和可编程控制运算放大器等 10 种。

90 什么是门电路？基本的门电路有哪些？门电路有何用途？

用以实现基本逻辑运算和复合逻辑运算的单元电路称为门电路。基本的门电路在逻辑功能上有与门、或门、非门、与非门、或非门、与或非门、异或门等几种。

门电路的作用是实现某种因果关系（逻辑关系），也可理解为一个开关，当输入信号满足门电路的某个逻辑关系时，"门"才会打开，有信号输出。并且输入端可以有一个或多个，但是输出端只有一个。如与门，只有输入两个高电平时，输出为高电平；不满足有两个高电平同时输入，则输出为低电平。高电平表示1，低电平表示0。

91 什么是光电耦合器？它有何作用？

光电耦合器又称光耦合器，是以光为媒介传输电信号的一种电—光—电转换器件，由发光源和受光器两部分组成。光电耦合器的发光源和受光器组装在同一密闭的壳体内，彼此间用透明绝缘体隔离，发光源的引脚为输入端，受光器的引脚为输出端。常见的发光源为发光二极管，受光器为光敏二极管、光敏三极管等。

光电耦合器的主要作用是隔离传输。它能很好地隔离输入信号和输出信号，让信号不会互相干扰。它在隔离耦合、电平转换、继电器控制方面得到了广泛应用。

92 什么是光电开关电路？

光电开关电路是利用光电元器件（光电二极管、光电三极管、光电耦合器）对光束的遮挡或者是反射来检测物体的有无。光电开关电路由发射器和接收器两部分组成，主要用于检测不透明的物体的有无。在智能控制中，最常用的光电开关多为红外线光电开关，它由发射器发射红外线，接收器根据反射回来的光束的强弱，来判断物体的存在与否。

还有一种光电开关电路是光电控制开关电路，利用光电元器件对光线强弱的反应，从而实现对电路的开关控制，如家里常用的光控延时开关，白天有光照时，灯关闭；夜间无光照时，灯开启，还可根据需要来设置开灯的时间。

第3章

计算机基础知识

第1节 计算机操作系统

93 什么是操作系统?

操作系统(Operating System,OS)是协调、管理和控制计算机硬件资源与软件资源的控制程序,是直接运行在"裸机"上的最基本的系统软件,任何其他软件都必须在操作系统的支持下才能运行。操作系统是人机交互的接口,同时也是计算机与其他软件的接口。

如计算机上安装的 Windows、Linux、Macos 都是操作系统,智能手机上的 Android、iOS、Harmony 等也是操作系统。

又如在计算机上打开微信,微信运行起来需要 2G 的内存,这时就会找操作系统要求给微信 2G 的内存空间,而不会直接找内存,也就是说操作系统是应用程序和计算机硬件的中间人,负责协调分配每一个应用程序对计算机硬件的需求。

94 操作系统有哪些功能?

操作系统的功能包括管理计算机系统的硬件、软件及数据资源,控制程序运行,改善人机界面,为其他应用软件提供支持,让计算机系统所有资源最大限度地发挥作用,提供各种形式的用户界面,使用户有一个好的工作环境,为其他软件的开发提供必要的服务和相应的接口等。

从资源管理的角度来看,操作系统的功能包括进程与处理器管理、作业管理、存储器管理、设备管理、文件管理 5 个方面。

95 操作系统的基本特征是什么？

操作系统的基本特征包括并发性、共享性、虚拟性和异步性。

（1）并发性。并发性是指两个或者多个事件在同一时间内发生。操作系统的并发性是指计算机系统中同时有多个程序运行。在多道程序环境下，并发性是指在一段时间内，宏观上有多个程序在同时运行，但在单处理机系统中，某一时刻仅有一道程序在执行，即微观上是交替执行，宏观上并发执行。如果在计算机系统中有多个处理机，那么并发执行的程序便可以被分配到多个处理机上，实现并行执行。

（2）共享性。共享性是指系统中的资源（包括硬件资源和信息资源）可以被多个并发执行的程序共同使用，而不是被其中一个独占。由于资源的属性不同，对资源复用的方式也不同，总体上分为互斥共享和同时访问两种。

（3）虚拟性。虚拟性是一种管理技术，把物理上一个或多个实体变成逻辑上的多个或一个对应物的技术。采用虚拟技术的目的是为用户提供易于使用、方便高效的操作环境。常见的虚拟手段有时分复用技术和空分复用技术。

（4）异步性。异步性也称随机性，在多道程序环境下，允许多个程序并发执行，但由于资源有限，进程的执行不是一贯到底。进程何时能够获得处理机得以运行，何时因为访问的资源无法使用而停止都是未知的，即进程的推进方式是人们不可预知的，这就是进程的异步性。

96 操作系统由哪几部分组成？

操作系统由驱动程序、内核、接口库及外围四部分组成。

（1）驱动程序。驱动程序即最底层的、直接控制和监视各类硬件的部分，它们的职责是隐藏硬件的具体细节，并向其他部分提供一个抽象的、通用的接口。

（2）内核。操作系统的内核部分通常运行在最高特权级，负责提供基础性、结构性的功能。

（3）接口库。接口库是一系列特殊的程序库，它们的职责在于把系统所提供的基本服务包装成应用程序所能够使用的编程接口（API）。这是最靠近应用程序的部分。

（4）外围。外围指操作系统中除以上 3 类以外的所有其他部分，通常是用于提供特定高级服务的部件。

97　操作系统怎样分类?

操作系统的种类很多，按操作控制方式不同，可分为脱机控制方式的多道批处理操作系统、交互式控制方式的分时操作系统及实时操作系统。

按用户界面不同，可分为命令行操作系统和图形操作系统。

按工作方式不同，可分为单用户操作系统和多用户操作系统。

按应用领域不同，可分为服务器操作系统、并行操作系统、网络操作系统、分布式操作系统、手机操作系统、嵌入式操作系统、传感器操作系统等。

其中多道批处理操作系统是指用户将一批作业提交给操作系统后就不再干预，由操作系统控制它们自动运行，这种采用批量处理作业技术的操作系统称为批处理操作系统；分时操作系统是使一台计算机采用片轮转的方式同时为几个、几十个甚至几百个用户服务的一种操作系统；网络操作系统是一种能代替操作系统的软件程序，是网络的心脏和灵魂，是向网络计算机提供服务的特殊的操作系统；手机操作系统主要应用在智能手机上；嵌入式操作系统是一种专门为非计算机的设备执行特定任务，通常在嵌入式系统中工作。

98　常用计算机的操作系统有哪几种?

常用计算机（电脑）主流的操作系统有 Windows 操作系统、Unix 操作系统、Linux 操作系统和 Mac OS 操作系统，这四种操作系统各有优劣，用户可根据需要选用。

99　常用手机的操作系统有哪几种?

手机上的操作系统主要有 Android（谷歌）、IOS（苹果）、Windows

Phone（微软）、Symbian（诺基亚）、Harmony（鸿蒙）、卓易操作系统（Freeme OS）等。

100　鸿蒙操作系统 2.0（Harmony OS 2.0）的主要特点是什么？

（1）硬件互助，资源共享。鸿蒙操作系统 2.0 采用分布式软总线、分布式设备虚拟化、分布式数据管理以及分布式任务调度等关键技术，可实现硬件互助、资源共享。手机能够通过"扫一扫"、碰一碰轻松与电脑、平板、智能手表、智能家电、无线耳机、无人摄像头等终端设备进行连接。不论是日常用还是办公，图片、文件等内容传输都更快速、便捷。

（2）通信效率高，时间延迟短。鸿蒙操作系统 2.0 采用延迟引擎和高性能 IPC 技术，以实现系统的自然平滑性。高优先级的任务资源将被优先考虑以保证调度，应用程序响应时间延迟将减少 25.7%。鸿蒙微内核的紧凑结构极大地提高了 IPC（进程间通信）的性能，其进程通信的效率是现有系统的 5 倍。

（3）全新桌面，万能卡片。鸿蒙操作系统 2.0 在桌面上采用了全新的原子化卡片服务，在进行应用分类时会自动帮助用户进行相似应用归类，分类管理更高效，分类组件支持放大，通过分类组件可直接进入软件，实现一屏一场景。采用卡片式操作，用户们可以以卡片方式分享文章、页面等内容、无需下载，好友直接就能打开观看。

（4）微内核架构，安全可靠。鸿蒙操作系统 2.0 采用微内核架构，简化内核功能，在内核外部的用户模式下实现尽可能多的系统服务，并增加相互的安全保护。由于鸿蒙 OS 微内核的代码量仅为 Linux 宏内核的代码量的千分之一，因此其被攻击的可能性也大大降低了。

（5）隐私保护，安全性能好。鸿蒙操作系统 2.0 采用了更高级别的隐私保护功能，全面保护用户的使用隐私安全，支持开启多设备协同认证，提升安全性。

第 2 节　计算机系统的组成

101　计算机系统由哪些部分组成?

计算机系统是由硬件系统和软件系统所组成的。硬件是指计算机系统中看得见的物理上的部件,而软件是指依赖于硬件的程序及其相关数据等。两者相互依存,缺一不可。计算机系统的组成如图3-1 所示。

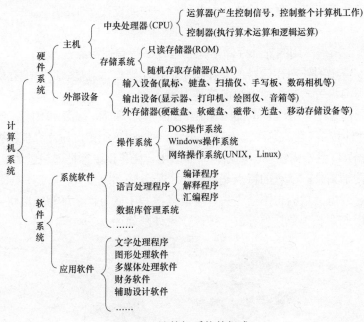

图 3-1　计算机系统的组成

102　计算机硬件系统由哪些部分组成?

计算机硬件系统主要包括主机与外部设备。

主机由主板、总线、中央处理器（CPU）、存储系统组成。中央处理器又包括运算器和控制器,存储系统又包括只读存储器和随机存取存储器。

外部设备包括各种输入输出外部设备与外部存储器。各种输入输出外部设备是人机交互的信息转换器，由输入/输出控制系统管理外部设备与主存储器（中央处理器）之间的信息交换。

103 计算机软件系统由哪些部分组成？

计算机软件系统可分为系统软件与应用软件。系统软件由操作系统、语言处理程序（编译程序）、数据库管理系统等组成。

应用软件是用户按其需要自行编写的专用程序，它借助系统软件和支援软件来运行，是软件系统的最外层。包括图形处理软件、文字处理程序、财务软件、办公软件、辅助设计软件等。

104 常用的外部存储器有哪些？U 盘有何特点？

常用的外部存储器主要有硬盘、移动硬盘、光盘、U 盘、存储卡与网盘等，其中使用较多的是 U 盘与网盘。

U 盘是 USB（Universal Serial Bus）盘的简称，又称作闪盘。采用 Flash（闪存）芯片作为存储介质，通过 USB 接口与计算机交换数据。U 盘不需物理驱动器，即插即用，且其存储容量远超过软盘，极便于携带。U 盘的特点是体积小、质量轻，容量大、不需外部供电、断电后数据也不会丢失、可反复擦写 100 万次、读写速度快、使用寿命长、数据保存安全等。U 盘外形如图 3-2 所示。

图 3-2　U 盘外形

105 什么是网盘？常见的网盘有哪些？

网盘顾名思义就是网络硬盘或称网络 U 盘，是一种基于网络的在线存储服务。网盘向用户提供文件的存储、共享、访问、备份等文档管理功能。用户可以通过互联网管理、编辑网盘里的文件。不需要随身携带，更不怕丢失。

网盘的实质是网盘服务提供商将其服务器的硬件资源分配给注册用户使用。因此，网盘投资巨大，免费网盘一般容量比较小；此外，为了防止用户滥用网盘资源，通常限制单个文件大小和上传文件大小。免费网盘通常只用于存储较小的文件。而收费网盘则具有速度快、容量高、允许大文件存储等优点，适合有较高要求的用户。

常见的网盘有百度网盘、360 云盘、夸克网盘、天翼网盘、WPS网盘、腾讯微云、网易网盘、新浪微盘等，有些是完全免费的，有些是收费兼免费的，用户可根据需要选用。百度网盘的界面如图 3-3所示。

图 3-3　百度网盘界面

106　什么是云存储?

云存储是在云计算概念上延伸和发展出来的一个新的概念，是一种新兴的网络存储技术，它通过分布式、虚拟化、智能配置等技术，实现海量、可弹性扩展、低成本、低能耗的共享存储资源。云存储可以让跨越时空的不同客户、不同应用、不同屏幕实现无缝信息分享和服务互动体验的关键信息基础设施。网盘是最接近公众的云存储的一种表现形式。

云存储把用户的文件数据存储至网络实现对数据的存储、归档、备份，满足用户对数据存储、使用、共享和保护的目的。使用云存储服务，企业机构可以节省投资费用，简化复杂的设置和管理任务，把数据放在云中还便于从更多的地方访问数据。

第3节　计算机网络基础

107　什么是计算机网络?

计算机网络将地理位置不同的具有独立功能的多台计算机及其外部设备通过通信线路连接起来，在网络操作系统、网络管理软件及网络通信协议的管理和协调下，实现资源共享和信息传递。

计算机网络是允许节点共享资源的数字电信网络。在计算机网络中，计算机及其他硬件通过节点之间的连接相互交换数据。这些数据链路通过有线介质或无线介质建立。

108　计算机网络有哪些主要功能?

计算机网络大大地扩展了计算机系统的功能，扩大了计算机系统的应用范围，提高了可靠性，在为用户提供方便的同时也减少了费用，即提高了性价比。计算机网络主要功能包括资源共享、数据通信、分布式处理、集中管理及负荷均衡。

（1）资源共享。计算机网络最突出的功能就是提供资源共享。计算机资源包括硬件资源、软件资源、数据资源和信道资源。硬件资源的共享可以提高设备的利用率，避免设备的重复投资，如利用计算机网络建立网络打印机；软件资源和数据资源的共享可以充分利用已有的信息资源，减少软件开发过程中的劳动，避免大型数据库的重复建设。

（2）数据通信。数据通信是计算机网络的基本功能，它可实现计算机和计算机、计算机和终端以及终端与终端之间的数据信息传递，是继电报、电话业务之后的第三种最大的通信业务。

（3）分布式处理。分布式处理把要处理的任务分散到各个计算机上运行，而不是集中在一台大型计算机上。这样不仅可以降低软件设计的复杂性，而且还可以大大提高工作效率和降低成本。

（4）集中管理。计算机在没有联网的条件下，每台计算机都是一个"信息孤岛"。在管理这些计算机时，必须分别管理。而计算机联网后，可以在某个中心位置实现对整个网络的管理。如数据库情报检索系统、交通运输部门的订票系统、军事指挥系统等。

（5）负荷均衡。负荷均衡是指工作被均匀地分配给网络上的各台计算机系统。网络控制中心负责分配和检测，当某台计算机负荷过重时，系统会自动将工作转移到负荷较轻的计算机系统去处理。

109　计算机网络的特点是什么？

计算机网络的特点是可靠性、高效性、独立性、扩充性、廉价性、分布性及易操作性。

（1）可靠性。在一个计算机网络系统中，当一台计算机出现故障时，可立即由系统中的另一台计算机来代替其完成所承担的任务。同样，当网络中一条链路出了故障时，可选择其他的通信链路进行连接。

（2）高效性。计算机网络系统摆脱了中心计算机控制结构数据传输的局限性，并且信息传递迅速，系统实时性强。网络系统中各相连的计算机能够相互传送数据信息，使相距很远的用户之间能够即时、快速、高效、直接地交换数据。

（3）独立性。在计算机网络系统中各相连的计算机是相对独立的，它们之间的关系是既互相联系，又相互独立。

（4）扩充性。在计算机网络系统中，人们能够很方便、灵活地接入新的计算机，从而达到扩充网络系统功能的目的。

（5）廉价性。计算机网络使微机用户也能够分享到大型机的功能特性，充分体现了网络系统的"群体"优势，能节省投资和降低成本。

（6）分布性。计算机网络能将分布在不同地理位置的计算机进行互联，可将大型、复杂的综合性问题实行分布式处理。

（7）易操作性。对计算机网络用户而言，掌握网络使用技术比掌握大型机使用技术更为简单，实用性也更强。

110 计算机网络由哪些部分组成?

计算机网络的基本组成包括网络硬件和网络软件两部分。网络硬件是计算机网络系统的物理实现,一般指计算机、传输介质和网络连接设备;网络软件是计算机网络的技术支持,一般指操作系统和网络通信协议。这两部分相互作用,共同完成网络功能。

(1)终端设备。终端设备属于硬件,它是指在网络中发送或接收数据的设备。它可以是个人计算机、笔记本计算机、智能手机或任何其他能够发送和接收数据并与网络连接的设备。要构建网络,至少需要两个终端设备。广义的终端设备分为服务器端设备和客户端设备两种类型。服务器端设备是提供数据或服务的设备。客户端设备是从服务器端设备接收提供的数据或服务的设备。

(2)传输介质通常分有线与无线两种,传输介质是通信线路的基础,而通信线路是连接各计算机系统终端的物理通路。终端设备通过物理通路相互连接,进行交换数据或服务。通信设备的采用与通信线路类型有很大关系,如果是模拟线路,在线中两端使用调制解调器(Modem);如果是有线介质,在计算机和介质之间就必须使用相应的介质连接部件。

(3)操作系统。操作系统前面已经介绍过,计算机连入网络后,需要安装操作系统软件才能实现资源共享和管理网络资源。

(4)网络协议。网络协议是规定在网络中进行相互通信时需遵守的规则,只有遵守这些规则才能实现网络通信。常见的网络协议在后面的章节中有介绍。

111 计算机网络是怎样分类的?

计算机网络的分类方法很多。按覆盖的范围不同,计算机网络可分为局域网(LAN)、城域网(MAN)和广域网(WAN);按用户访问网络资源的不同,计算机网络可分为内联网、外联网和互联网;按网络拓扑结构不同,计算机网络可分为总线形网络、星形网络、环形网络、树形网络、网状网络及混合型网络;按传播方式不同,计算机网络可分为广播式网络和点对点式网络;按传输介质不同,计算机网络可分为有线网与无线网,其中有线介质有双绞线、同轴电缆及光纤电缆，无线介质有无线电波、卫星及微波。

112 什么是计算机网络的拓扑结构？

计算机网络的拓扑结构是指网上计算机或设备等形成的节点与通信线路构成的物理模式，用来表示整个网络的构成和外貌，反映各节点之间的相互关系，它会影响整个网络设计、功能、可靠性和通信费用等重要方面，是计算机网络十分重要的要素。计算机网络的拓扑结构有总线型、星型、树型、环型、网状型及混合型等几种。

计算机每一种网络结构都由节点、链路和通路等部分组成。

（1）节点。节点又称为网络单元，它是网络系统中的各种数据处理设备、数据通信控制设备和数据终端设备。常见的节点有服务器、工作站、集线路和交换机等。计算机网络的节点有两类：①转换和交换信息的转接节点，包括交换机、集线器和终端控制器等；②访问节点，包括计算机主机和终端等。通信线路则代表各种传输媒介，包括有形的和无形的。

（2）链路。链路即两个节点间的连线，可分为物理链路和逻辑链路两种，前者指实际存在发通信线路，后者指在逻辑上起作用的网络通路。

（3）通路。通路是指从发出信息的节点到接受信息的节点之间的一串节点和链路，即一系列穿越通信网络而建立起的节点到节点的链。

113 什么是总线型拓扑结构？它有哪些优缺点？

总线型拓扑结构是指采用单一数据传输线作为通信介质，所有的节点都通过相应的硬件接口直接连接到通信介质，而且能被所有其他的节点接收。总线型拓扑结构如图 3-4 所示。

总线型拓扑结构各节点地位平等，无中心节点控制，公用总线上的信息多以基带形式串行传递，其传递方向总是是从发送节点方向开始向两端扩散，如同广播电台发射的信息一样，因此又称为广播式网络。

总线型拓扑结构的优点是结构简单、电缆数量少、易于布线和维护、有较高的可靠性、传输速率高、易于扩充、信道利用率高；缺点是总线的传输距离有限，通信范围受限制、故障诊断和隔离较困难、不具有实时功能。

图 3-4 总线型拓扑结构

114 什么是星形拓扑结构？它有哪些优缺点？

星形拓扑结构是指每个节点都通过单独的通信线路直接与中心节点连接，呈辐射状。中心设备可以是文件服务器本身，也可以是一个专门的接线中心，如集线器或者交换机。星形拓扑结构如图 3-5 所示。

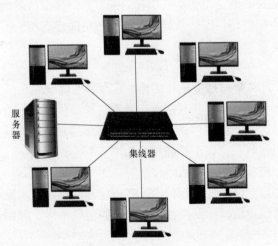

图 3-5 星形拓扑结构

星形拓扑结构采用的交换方式有电路交换和报文交换。尤以电路交换更为普遍。这种结构一旦建立了通信连接，就可以无延迟地在连通的两个节点之间传送数据。

星形拓扑结构的优点是结构简单、连接方便、控制处理简便、扩展性强、网络延迟时间较小、传输误差低、单个节点故障不会影响到网络的其他部分；缺点是安装和维护费用较高、中心节点出现故障会导致整个网络瘫痪。

115 什么是树形拓扑结构？它有哪些优缺点？

树形拓扑结构是分级的集中控制式网络。这种拓扑结构可以认为是多级星形结构组成的，只不过是这种多级星形结构是自上而下呈三角形分布，就像一棵树一样，最顶端的枝叶少，中间的多，而最下面的枝叶最多。树形拓扑结构如图 3-6 所示。

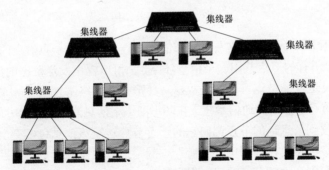

图 3-6　树形拓扑结构

树形拓扑结构的最底层是网络中的边缘层，中间部分相当于网中的汇聚层，而顶端则是网络中的核心层。其传输介质可有多条分支，但不形成闭合回路，每条通信线路都必须支持双向通信。

树形拓扑结构的优点是通信线路连接简单、布局灵活、可扩展性好、维护方便、容错能力较强，当叶节点出现故障时，不会影响其他分支节点；缺点是资源共享能力差、可靠性低、各个节点对根的依赖性太大，如果根节点发生故障，则整个网络不能正常工作。

116 什么是环形拓扑结构？它有哪些优缺点？

环形拓扑结构中各节点通过环路接口连在一条首尾的闭合环形通信线路中。环形拓扑结构如图 3-7 所示。

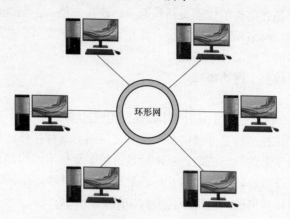

图 3-7 环形拓扑结构

环中每个节点与它左右相邻的节点连接，是一个点对点的封闭结构。所有的节点共用一个信息环路，都可以提出发送数据的请求，获得发送权的节点可以发送数据。环形拓扑网络常使用令牌来决定哪个节点可以访问通信系统。在环形网络中信息流只能是单方向的，每个收到信息包的节点都向它的下游节点转发该信息包，直至目的节点。信息包在环网中"环游"一圈，最后由发送节点进行回收，只有得到令牌的节点才可以发送信息。

环形拓扑结构的优点是结构简单、通信线路较短成本低；缺点是环中某个节点发生故障就会引起整体全网故障。

117 什么是网状形拓扑结构？它有哪些优缺点？

网状形拓扑结构主要指各节点通过传输线互联连接起来，并且每一个节点至少与其他两个节点相连。网状拓扑结构如图 3-8 所示。

网状拓扑结构具有较高的可靠性和稳定性，但其结构复杂，实现起来费用较高，不易管理和维护，不常用于局域网，一般用于通信业务量大或重点保证的部门或系统，如军队内部通信网。

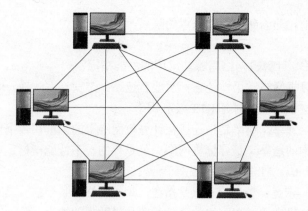

图 3-8　网状拓扑结构

118　什么是混合型拓扑结构？它有哪些优缺点？

混合型拓扑是将两种单一拓扑结构混合起来，取两者的结点构成的拓扑。如将星形拓扑和环形拓扑混合成"星－环"拓扑，如图 3-9 所示。或是将星形拓扑和总线拓扑混合成"星－总"拓扑。这两种混合型结构有相似之处，如果将总线拓扑的两个端点连在一起也就变成了环形拓扑。

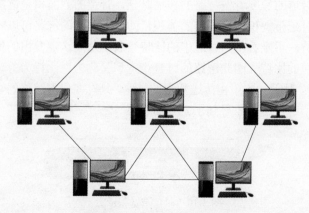

图 3-9　"星－环"拓扑结构

混合型拓扑结构的优点是安装方便、易于扩展、故障诊断和隔离较为方便；缺点是建设成本较高，需要选用智能网络设备，实现网络故障自动诊断和故障结点的隔离。

119　计算机网络有哪些常用的性能指标？

计算机网络常用性能指标主要有速率、带宽、吞吐量、时延、时延带宽积、往返时延 RTT 及利用率。

（1）速率。速率是指连接在计算机网络上的主机在数字信道上传送数据的速率。是计算机网络中最重要的一个性能指标。单位有 bit/s、kbit/s、Mbit/s、Gbit/s 等。

（2）带宽。带宽的本意是指在计算机网络中某个信号具有的频带宽度，带宽通常指网络的通信线路传送数据的能力。

（3）吞吐量。吞吐量表示单位时间内通过某个网络（通信线路、接口）的实际的数据量。吞吐量受制于带宽或者网络的额定速率。

（4）时延。时延是指数据从网络（或链路）的一端传送到另一端所需的时间。有时也称为延迟或迟延。时延由发送时延、传播时延、处理时延、排队时延组成。

（5）时延带宽积。时延带宽积指传播时延带宽，表示一条链路上传播的所有比特（以比特为单位）。时延宽带积示意如图 3-10 所示，将管道的长度看做链路的传播时延，管道的截面积是链路的带宽，则时延带宽积代表管道的体积，即表示这样的链路可以容纳多少个比特，不难看出，管道中的比特数表示从发送端发出的但未到达接收端的比特（因此链路的时延带宽积又称为以比特为单位的链路长度）。对于一条正在传送数据的链路，只有在代表链路的管道都充满比特时，链路才得到了充分的利用。

图 3-10　时延带宽积示意

（6）往返时延（RTT）。在计算机网络中，往返时延（RTT）是一个重要的性能指标，它表示从发送端发送数据开始，到发送端收到来自接收端的确认总共经历的时延。

（7）利用率。利用率指出某信道有百分之几的时间是被利用的（有数据通过）。完全空闲的信道的利用率是零。网络利用率则是全网络的信道利用率的加权平均值。

第 4 节　计算机信息与安全

120　什么是信息安全？它有哪些特征？

信息安全是指信息系统资源（包括硬件、软件、数据、物理环境及其基础设施）受到保护，不因偶然的或者恶意的原因而遭到破坏、更改、泄露，确保系统能连续可靠正常地运行，使网络信息服务不中断。

信息安全是一门涉及计算机科学、网络技术、密码技术、信息安全技术、应用数学、数论、信息论等多种学科的综合性科学。

信息安全的特征主要体现在完整性、保密性、可用性、可控性、不可否认性和可审查性 6 个方面。

（1）完整性。完整性是指信息在生成、传输、存储和处理过程中不发生人为或非人为的非授权篡改，维护信息的原样性。

（2）保密性。保密性是指信息不被泄露给非授权的用户、实体或过程，即信息只为授权用户使用，即使非授权用户得到信息也无法知晓信息的内容，因而不能使用。

（3）可用性。可用性是指授权用户在需要时能不受其他因素的影响，方便地使用所需信息，即在系统运行时能正确存取所需的信息。当系统遭受攻击或破坏时，能迅速恢复并投入使用。

（4）可控性。可控性是指对信息传播及具体内容能够实现有效控制，即网络系统中的任何信息要在一定传输范围和存放空间内可控。

（5）不可否认性。不可否认性是指双方在信息交互过程中，确信参与者本身，以及参与者所提供的信息的真实同一性。保障用户无法在事后否认曾经对信息进行的生成、签发、接收等行为，一般通过数字签名来提供不可否认服务。

（6）可审查性。可审查性是指对出现的网络安全问题提供依据与手段。

121　什么是网络安全？威胁它的因素有哪些？

网络安全是指网络系统的硬件、软件及其系统中的数据受到保护，不因偶然的或者恶意的原因而遭受到破坏、更改、泄露，系统连续可靠正常地运行，网络服务不中断。

网络的安全威胁主要来源于两部分，一部分来自网内，另一部分来自外网。来源于网内的威胁主要是计算机病毒、"黑客"行为攻击、非授权访问和软件的漏洞和"后门"；来源于外网的威胁主要有电磁辐射等。

122　什么是防火墙？它有哪些功能？

所谓"防火墙"是指一种将内部网和公众访问网（如因特网）分开的方法，它实际上是一种建立在现代通信网络技术和信息安全技术基础上的应用性安全技术和隔离技术，越来越多地应用于专用网络与公用网络的互联环境之中，尤其以接入因特网为最甚。

防火墙主要是借助硬件和软件的作用于内部和外部网络的环境间产生一种保护的屏障，从网络发往计算机的所有数据都要经过它的判断处理，才会决定能不能把这些数据传送到计算机，从而实现对计算机不安全网络因素的阻断。

防火墙的功能主要如下。

（1）网络安全的屏障。防火墙对流经它的网络通信进行扫描，这样能够过滤不安全的信息，提高内部网络的安全性，降低计算机受攻击的风险。

（2）集中安全管理。防火墙能将所有安全软件（如口令、加密、身份认证、审计等）配置集中在一起，禁止来自特殊节点的访问，从而防止来自不明入侵者的所有通信。

（3）日志记录与监控审计。所有的访问都需经过防火墙，那么，防火墙就能记录下这些访问并作出日志记录，同时也能提供网络使用情况的统计数据。当发生可疑动作时，防火墙能进行适当的报警，并提供网络是否受到监测和攻击的详细信息。

（4）防止内部信息的外泄。通过利用防火墙对内部网络的划分，可实现内部网重点网段的隔离，从而限制了局部重点或敏感网络安全问题对全局网络造成的影响。再者，隐私是内部网络非常关心的问题，一个内部网络中不引人注意的细节可能包含了有关安全的线索而引起外部攻击者的兴趣，甚至因此而暴露了内部网络的某些安全漏洞。

123　什么是计算机病毒？它有哪些特点？

我国计算机信息系统安全保护条例指出："计算机病毒是指编制或者在计算机程序中插入的破坏计算机功能或者破坏数据，影响计算机使用，并且能够自我复制的一组计算机指令或者程序代码。"

计算机病毒的本质是软件，是人为制造出来的具有破坏性的一组指令集或程序代码，能对计算机资源进行破坏，对被感染用户有很大的危害性。

计算机病毒具有寄生性、隐蔽性、破坏性、传染性和可触发性5 个特点。

（1）寄生性。计算机病毒都是寄生在其他正常程序或数据中，当程序启动时，病毒就对计算机文件进行破坏。而在未启动这个程序之前则不容易被人发现。

（2）隐蔽性。计算机病毒通常伪装成正常程序，有的病毒即使用杀毒软件扫描也难以被发现。

（3）破坏性。计算机病毒能够破坏数据信息，造成计算机瘫痪。

（4）传染性。计算机病毒能够通过 U 盘、网络等途径入侵计算机，造成大面积瘫痪等事故。

（5）可触发性。在某个事件或数值出现后，病毒会对计算机实施感染或攻击，计算机中毒后会莫名其妙地死机，突然重新启动或无法启动，程序不能运行和数据和程序丢失等情况。

124　怎样防御计算机病毒？

（1）经常更新操作系统补丁和应用软件的版本。操作系统厂商会定期推出升级补丁，这些升级补丁除了提升操作系统性能外，很重要的任务是堵塞可能被恶意利用的操作系统漏洞。同理，把软件升级到最新版本，也能预防计算机病毒。

（2）安装防火墙和杀毒软件。防火墙与杀毒软件就像大门的警卫，会仔细甄别出入系统的文件程序，发现异常及时警告并处置。在访问恶意网站或运行可疑程序时，杀毒软件都会进行警告，当下载或收到可疑文件时，杀毒软件也会先行扫描。

（3）将重要的文件备份到 U 盘上。越是重要的文件，越要做好备份。在编辑文档时应养成经常保存的习惯，一旦遇到突发情况，可以将损失降到最低，不至于全文皆丢。

（4）隐秘文件要加密。一定要树立"凡是上网即意味公开"的意识，坚守"涉密不上网，上网不涉密"的原则，不要对网络硬盘过于信任，个人信息及重要文件不宜保存在网盘上。因网盘上存储的文件是明文状态，容易窃取或截获。

第5节 数据库知识

125 什么是数据库？它有哪些特点？

数据库（Database，DB）是组织、存储和管理数据的电子仓库。数据库是存储在计算机内通用的、综合性的数据的集合，其基本思想是将所有数据按一定的格式，结构存储，实行统一、集中、独立的管理，以满足各类用户对数据资源的共享。

数据库具有数据结构化、数据的共享性高，冗余度低且易扩充、数据的独立性高及数据由数据库管理系统（Database Management System，DBMS）统一管理和控制等特点。

126 数据库的作用有哪些？

（1）实现数据共享。数据共享的含义有两层：①所有用户可同时存取数据库中的数据；②用户可以用各种方式通过接口使用数据库，并提供数据共享。

（2）减少数据的冗余度。同文件系统相比，由于数据库实现了数据共享，从而避免了用户各自建立应用文件，减少了大量重复数据，减少了数据冗余，维护了数据的一致性。

（3）保持数据的独立性。数据的独立性包括逻辑独立性（数据库中数据库的逻辑结构和应用程序相互独立）和物理独立性（数据物理结构的变化不影响数据的逻辑结构）。

（4）数据实现集中控制。文件管理方式中，数据处于一种分散的状态，不同的用户或同一用户在不同处理中其文件之间毫无关系。利用数据库可对数据进行集中控制和管理，并通过数据模型表示各种数据的组织以及数据间的联系。数据库对数据实现集中控制管理示意如图 3-11 所示。

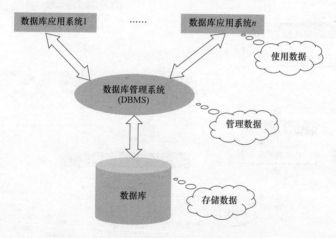

图 3-11　数据库对数据实现集中控制管理示意

（5）通过数据一致性和可维护性确保数据的安全性和可靠性。主要包括安全性控制、完整性控制、并发控制，使在同一时间周期内，允许对数据实现多路存取，又能防止用户之间的不正常交互作用。

（6）故障恢复。由数据库管理系统提供一套方法，可及时发现故障和修复故障，从而防止数据被破坏。数据库系统能尽快恢复数据库系统运行时出现的故障，可能是物理上的，也可能是逻辑上的错误，比如对系统的误操作造成的数据错误等。

127 数据库如何分类?

数据库从组织的角度不同，可分为结构化数据库和非结构化数据库两类；从存储介质不同，可分为磁盘数据库和内存数据库两种；按数据处理场景不同，可分为事务型数据库、分析型数据库及混合事务分析处理（HTAP）数据库 3 种；按数据分布方式不同，可分为集中式数据库和分布式数据库两类；按数据库集群目标的不同，分为高可用集群数据库和大规模并行处理（MPP）集群数据库两类。数据库的分类如图 3-12 所示。

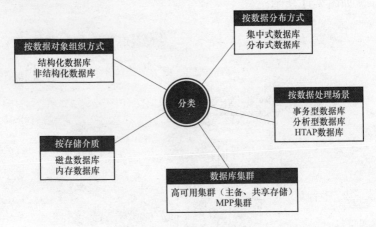

图 3-12　数据库的分类

128 什么是数据模型?

数据模型是数据特征的抽象，它从抽象层次上描述了系统的静态特征、动态行为和约束条件，为数据库系统的信息表示与操作提供一个抽象的框架。

数据模型分为概念模型与逻辑模型两大类。概念模型是指按用户的观点来对数据和信息建模，主要用于数据库设计；逻辑模型主要包括层次模型、网状模型、关系模型，它是按照计算机系统的观点对数据建模，主要用于 DBMS 的实现。

129 数据模型的组成要素有哪些?

数据模型的组成要素是数据结构、数据操作和数据约束。

（1）数据结构。数据模型中的数据结构主要描述数据的类型、内容、性质以及数据间的联系等。数据结构是数据模型的基础，数据操作和约束都建立在数据结构上。不同的数据结构具有不同的操作和约束。

（2）数据操作。数据操作主要描述在相应数据结构上的操作类型和操作方式。数据操作是操作算符的集合，包括若干操作和推理规则，用以对目标类型的有效实例所组成的数据库进行操作。

（3）数据约束。数据约束主要描述数据结构内数据间的语法、词义联系，它们之间的制约和依存关系，以及数据动态变化的规则，以保证数据的正确、有效和相容。数据约束是完整性规则的集合，用以限定符合数据模型的数据库状态以及状态的变化。约束条件可以按不同的原则划分为数据值的约束和数据间联系的约束；静态约束和动态约束；实体约束和实体间的参照约束等。

130 数据库的体系结构是怎样的?

数据库的体系结构为三级模式结构，三级模式之间有两层映像，如图 3-13 所示。

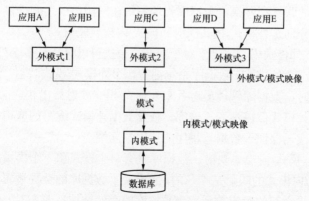

图 3-13 数据库的体系结构

（1）数据库的三级模式结构。三级模式为外模式、模式及内模式。

1）外模式。外模式又称子模式或用户模式，对应于用户级。它是某个或某几个用户所看到的数据库的数据视图，是与某一应用有关的数据的逻辑表示。外模式是从模式导出的一个子集，包含模式中允许特定用户使用的那部分数据。用户可以通过外模式描述语言来描述、定义对应于用户的数据记录（外模式），也可以利用数据操纵语言（DML）对这些数据记录进行操作。外模式反映了数据库系统的用户观。

2）概念模式。概念模式又称模式或逻辑模式，对应于概念级。它是由数据库设计者综合所有用户的数据，按照统一的观点构造的全局逻辑结构，是对数据库中全部数据的逻辑结构和特征的总体描述，是所有用户的公共数据视图（全局视图）。它是由数据库管理系统提供的数据模式描述语言（DDL）来描述、定义的。概念模式反映了数据库系统的整体观。

3）内模式。内模式又称存储模式，对应于物理级。它是数据库中全体数据的内部表示或底层描述，是数据库最低一级的逻辑描述，它描述了数据在存储介质上的存储方式和物理结构，对应着实际存储在外存储介质上的数据库。内模式是由内模式描述语言来描述、定义的。内模式反映了数据库系统的存储观。

（2）三级模式之间的映射。为了能在内部实现数据库的三个抽象层次的联系和转换，数据库管理系统在三级模式之间提供了两层映射，分别是外模式/模式映射和模式/内模式映射。

1）外模式/模式映射。对于同一个模式可以有任意多个外模式，对于每一个外模式，数据库系统都有一个外模式/模式映射。当模式被改变时，数据库管理员对各个外模式/模式映射做出相应的改变，可以使外模式保持不变。这样，依据数据外模式编写的应用程序就不用修改，保证了数据与程序的逻辑独立性。

2）模式/内模式映射。数据库只有一个模式和一个内模式，所以模式/内模式的映射是唯一的，它定义了数据库的全局逻辑结构与存储结构之间的对应关系。当数据库的存储结构被改变时，数据库管理员对模式/内模式映射做相应的改变，可以使模式保持不变，从而保证了数据的物理独立性。

第 4 章

网络通信技术

第 1 节　通信的基本概念

131　什么是通信？通信的种类有哪些？

通信是指人与人或人与自然之间通过某种行为或媒介进行的信息交流与传递。广义上，通信指需要信息的双方或多方在不违背各自意愿的情况下采用任意方法，任意媒质，将信息从某方准确安全地传送到另方。

按传递信息的不同，通信可分为电话通信、数据通信和有线电视通信；按调制方式的不同可分为基带传输与调制传输；按传输信号特征的不同，可分为模拟通信与数字通信；按传输媒介的不同，可分为电缆通信、微波中继通信、光纤通信、卫星通信与移动通信。

132　什么是网络通信技术？

网络通信技术是指通过计算机、通信网和网络设备对语音、数据、图像等信息进行采集、存储、处理和传输等，使信息资源达到充分共享的技术。

其中通信网按功能与用途不同，一般可分为物理网、业务网和支撑管理网 3 种。物理网是由用户终端、交换系统、传输系统等通信设备所组成的实体结构，是通信网的物质基础，也称装备网；业务网是疏通电话、电报、传真、数据、图像等各类通信业务的网络，是指通信网的服务功能，按其业务种类，可分为电话网、电报网，数据网等；支撑管理网是为保证业务网正常运行，增强网络功能，提高全网服务质量而形成的网络，在支撑管理网中传递的是相应的控制、监测及信令等信号，按其功能不同，可分为信令网、同步网和管理网。

133　安装人员为什么要学习网络通信技术？

网络通信技术与智能家居密不可分，通信技术负责智能家居各种智能终端的通信与交互，家庭网络负责把智能家居各种智能终端连接起来。通过家庭网络，可以实现智能家居系统中各类信息的传输，进而根据智能家居的场景设计要求，实现对智能家居的控制。因此，智能家居安装调试人员的基本技能之一就是学好网络通信技术，配置好家庭网络设施，接入移动互联网，测试网络性能。

134　什么是数据通信？什么是数据传输？

数据通信是通信技术和计算机技术相结合而产生的一种新的通信方式。要在两地间传输信息必须有传输信道，根据传输媒体的不同，有有线数据通信与无线数据通信之分。但它们都是通过传输信道将数据终端与计算机连接起来，而使不同地点的数据终端实现软、硬件和信息资源的共享。

数据传输就是按照一定的规程，通过一条或者多条数据链路，将数据从数据源传输到数据终端，它的主要作用就是实现点与点之间的信息传输与交换。一个好的数据传输方式可以提高数据传输的实时性和可靠性。数据信号的基本传输方式有基带传输、频带传输和数字数据传输 3 种。

135　数据传输系统的组成是怎样的？

数据传输系统通常由传输信道和信道两端的数据电路终接设备（DCE）组成，在某些情况下，还包括信道两端的复用设备。传输信道可以是一条专用的通信信道，也可以由数据交换网、电话交换网或其他类型的交换网来提供。数据传输系统的输入输出设备为终端或计算机，统称数据终端设备（DTE），它所发出的数据信息一般都是字母、数字和符号的组合，为了传送这些信息，就需将每一个字母、数字或符号用二进制代码来表示。常用的二进制代码有国际五号码（IA5）、EBCDIC 码、国际电报二号码（ITA2）等。

136 什么是基带传输？

未经调制的信号所占用的频率范围叫基本频带（这个频带从直流起可高到数百 kHz，甚至若干 MHz），简称基带（Base Band）。这种数字信号就称基带信号。传送数据时，以原封不动的形式，把基带信号送入线路，称为基带传输。基带传输不需要调制解调器，设备花费小，适合短距离的数据输。换句话说，基带传输是不搬移基带数据信号频谱的传输方式。

137 什么是频带传输？

利用模拟信道传输数字信号的方法称为频带传输。在这样的信道上传输数字信号，必须先将数字信号转换为模拟信号；在接收方还必须再将模拟信号转换为数字信号，相应的设备才能识别。

在频带传输过程中实现信号相互转换的设备是调制解调器。把数字信号转换为模拟信号的过程叫做调制；将模拟信号还原为数字信号的过程叫做解调。

简言之，频带传输就是基带数据信号经过调制，将其频带搬移到相应的载频频带上再传输（频带传输时信道上传输的是模拟信号）。

138 什么是宽带传输？

所谓宽带，就是指比音频（4kHz）带宽还要宽的频带，简单一点就是包括了大部分电磁波频谱的频带。使用这种宽频带进行传输的系统就称为宽带传输系统，它可以容纳所有的广播，并且还可以进行高速率的数据传输。对于局域网而言，宽带这个术语专门用于使用传输模拟信号的同轴电缆，可见宽带传输系统是模拟信号传输系统，它允许在同一信道上进行数字信息和模拟信息服务。宽带与基带的区别在于数据传输速率不同。基带数据传输速率为 0～10Mbit/s，更典型的是 1～2.5Mbit/s，通常用于传输数字信息；而宽带是传输模拟信号，数据传输速率范围为 0～400Mbit/s，而通常使用的传输速率是5~10Mbit/s，且一个宽带信道可以被划分为多个逻辑基带信道，以把声音、图像和数据信息的传输综合在一个物理信道中进行。总之，宽带传输一定是采用频带传输技术的，但频带传输不一定就是宽带传输。

139 什么是数字数据传输？

数字数据传输是采用数字信道来传输数据信号的传输方式。与采用模拟信道的传输方式相比，数字数据传输方式有下列明显的优越性。

（1）传输质量高。一般数字信道传输的正常误码率在 10^{-6} 以下，而在模拟信道上则较难达到。

（2）信道利用率高。一条 PCM 数字话路的二进制数据传输速率为 64kbit/s，通过复用可传输多路 19.2kbit/s 或 9.6kbit/s 或更低速率的数据信号，相当于多条模拟话路的数据传输能力。

（3）不需要模拟信道传输用的调制解调器（Modem）。作为数字信道传输用的数据电路终接设备（DCE），一般只是一种功能较简单的基带传输装置，称作数据服务单元（DSU），或者直接就是一个数据复用器及相应的接口单元。

140 数据传输方式有哪些？

数据传输方式是指数据在信道上传送所采取的方式。如按数据代码传输的顺序可以分为并行传输和串行传输；如按数据传输的同步方式可分为同步传输和异步传输；如按数据传输的流向和时间关系可分为单工、半双工和全双工数据传输。

141 什么是并行数据传输？

并行数据传输是指在多个并行通道上分组同时传输数据，它通常用于同时在多个并行通道上传输构成一个字符的多个二进制代码。在并行传输中，一次可以传输一个字符，发送方和接收方之间不存在同步问题。优点是速度快，控制方式简单；缺点是需要传输信道多，设备复杂，成本高。因此，并行传输仅适用于距离短、传输速度快的场合，计算机内的总线结构就是并行数据传输。并行数据传输示意如图 4-1 所示。

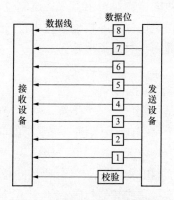

图 4-1　并行数据传输示意

142　什么是串行数据传输?

串行数据传输是传输数据时，每次只传输一个比特，一位一位地在传输线上传输。在发送端先将几位并行数据经并—串行转换硬件转换成串行方式，再逐位经传输线到达接收端设备，在接收端再将数据从串行方式转换成并行方式，供接收设备使用。串行数据传输示意如图 4-2 所示。

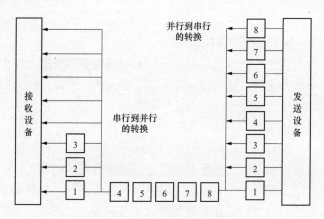

图 4-2　串行数据传输示意

串行数据传输的优点是易于实现；缺点是为解决收、发双方字符同步，需外加同步措施。通常，在远距离传输时串行传输方式采用较多。另外串行数据传输对于由多个二进制位表示的任何字符，串行传输使用传输通道按位顺序传输字符串行传输的速度比并行传输的速度慢得多，适用于长距离传输。

143　什么是异步数据传输?

异步数据传输是每次传送一个字符，各字符的位置不固定。为了在接收端区分每个字符,在发送每一个字符的前面均加上一个"起始位"信号，其长度规定为一个码元，极性为"0"，后面均加一个"停止位"信号。对于国际电报 2 号码，"信止位"信号长度为 1.5 个码元，对于国际 5 号码或其他代码，"停止位"信号长度为 1 或 2 个码元，极性为"1"。

"起始位"之后就是传送"数据位"，数据位一般为 8 位一个字节的数据，还有"校验位"，校验位一般用来判断接收的数据位有无错误，一般是奇偶校验。

异步数据传输的优点是实现字符同步比较简单，收发双方的时钟信号不需要精确的同步。缺点是每个字符增加了起始位和停止位，降低了信息传输效率，所以，常用于1200bit/s 及其以下的低速数据传输。

144　什么是同步数据传输?

同步数据传输是以固定时钟节拍来发送数据信号的，在串行数据码流中，各字符之间的相对位置都是固定的，因此不必对每个字符加起始位停止位信号，只需在一串字符流前面加个起始字符，后面加一个终止字符，表示字符流的开始和结束。

同步传输有：字符同步和帧同步两种同步方式，但一般采用帧同步。接收端要从收到的数据码流中正确区分发送的字符，必须建立位定时同步和帧同步。位定时同步又叫比特同步，其作用是使接收端的位定时时钟信号和收到的输入信号同步，以便从接收的信息流中正确识别一个个信号码元，产生接收数据序列。

同步传输与异步传输相比，在技术上要复杂（因为要实现位定时同步和帧同步），但它不需要对每一个字符单独加起始位和停止位作为识别字符的标志，只是在一串字符的前后加上标志序列，因此传输效率较高。通常用于速率为 2400bit/s 及其以上的数据传输。

145 什么是单工、半双工和全双工数据传输?

（1）单工数据传输只支持数据在一个方向上传输。

（2）半双工允许数据在两个方向上传输，但某一时刻只允许数据在一个方向上传输，实际上是一种切换方向的单工通信，不需要独立的接收端和发送端，两者可合并为一个端口。

（3）全双工是指通信允许数据在两个方向上同时传输，它在能力上相当于两个单工通信方式的结合。全双工指可以同时（瞬时）进行信号的双向传输（A→B 且 B→A），即在 A→B 的同时 B→A，是瞬时同步的。

第 2 节 数字通信技术

146 什么是数字通信技术? 数字通信系统由哪几部分组成?

数字通信是一种用数字信号作为载体来传输信息的通信方式，或用数字信号对载波进行数字调制后再传输的通信方式，可传输电报、数字数据等数字信号，也可传输经过数字化处理的语声和图像等模拟信号。

数字通信系统通常由用户设备、编码和解码、调制和解调、加密和解密、传输信道、噪声源和交换设备等组成，如图 4-3 所示。发送端来自信源的模拟信号必须先经过信源编码转变成数字信号，并对这些信号进行加密处理，以提高其保密性。为提高抗干扰能力，需再经过信道编码，对数字信号进行调制，变成适合于信道传输的已调载波数字信号送入传输信道。在接收端，对接收的已调制的载波数字信号经解调得到基带数字信号，然后经信道解码、解密处理和信源解码等恢复为原来的模拟信号，送到接收设备（信宿）。

为使数字信号的收发保持一一对应关系，建立数字通信系统时，必须采用相应的数字网同步技术。

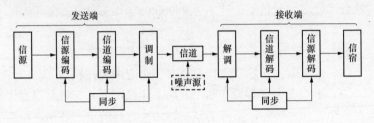

图 4-3 数字通信系统组成

147 数字通信系统有哪些优缺点？

（1）优点。

1）抗干扰能力强，尤其是数字信号通过"整形再生"后可消除噪声积累。

2）通信距离远，通信质量不受距离影响。

3）数字信号通过差错控制编码，可提高通信的可靠性。

4）便于计算机对数字信号进行处理，实现以计算机为中心的数据通信网。

5）数字信号易于加密处理，所以数字通信保密性强。

6）数字信号极易与数字通信系统中智能终端相连接。

（2）缺点。数字通信的缺点是比模拟信号占带宽，然而，由于毫米波和光纤通信的出现，带宽已不成问题。

148 数字信号有几种调制方法？

数字信号也可以用改变载波的幅度、频率和相位的方法来传输，分别称为幅度键控调制（ASK）、频移键控调制（FSK）和相移键控调制（PSK）。与模拟调制的区别在于它们的幅度、频率和相位只有离散取值，而它们的时域和频域特性则与模拟调制时类同。当数字信号为二进制基带信号时，载波的幅度、频率和相位只有两种变化，分别称为 2ASK、2FSK 和 2PSK（BPSK）。

2ASK 是用不同的幅度来分别表示二进制符号 0 和 1；2FSK 则是用不同的频率来表示，如 2KHz 表示 0，3KHz 表示 1；2PSK 是通过二进制符号 0 和 1 来判断信号前后相位。如 1 时用 π 相位表示，0 时用 0 相位表示。二进制基带信号的调制方法如图 4-4 所示。

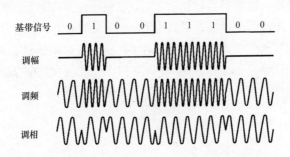

图 4-4　二进制基带信号的调制方法

149　什么是多进制数字调制？与二进制数字调制相比，多进制数字调制有哪些优缺点？

多进制数字调制就是利用多进制数字基带信号去调制高频载波的某个参量，如幅度、频率或相位的过程。

与二进制数字调制系统比较，多进制数字调制系统具有以下两个特点：

（1）在相同的码元传输速率下，多进制系统的信息传输速率显然要比二进制系统的高。

（2）在相同的信息传输速率下，由于多进制码元传输速率比二进制的低，因而多进制信号的码元持续时间要比二进制的长，相应的带宽就窄。

（3）多进制数字调制的缺点是抗噪声性能降低。

150　什么是正交幅度调制（QAM）？

正交幅度调制（QAM）是一种矢量调制，它将输入比特先映射（一般采用格雷码）到一个复平面（星座）上，形成复数调制符号，然后将符号的 I、Q 分量（对应复平面的实部和虚部）采用幅度调制，分别对应调制在相互正交（时域正交）的两个载波（cosωt 和 sinωt）上。这样与幅度调制（AM）相比，其频谱利用率提高 1 倍。QAM 是幅度、相位联合调制的技术，它同时利用了载波的幅度和相位来传递信息比特，因此在最小距离相同的条件下可实现更高的频带利用率，目前最高已达到 1024QAM（1024 个样点）。样点数目越多，其传输效率越高，如具有 64 个样点的 64QAM 信号，每个样点表示一种矢量状态，64QAM 有 64 态，每 6bit 规定了 64 态中的一态，64QAM 中规定了 64 种载波和相位的组合，64QAM 的每个符号和周期传送 6bit。64QAM 符号如图 4-5 所示。

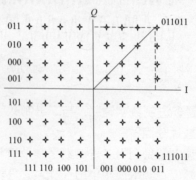

图 4-5　64QAM 符号

64QAM 在一个 6MHz 信道中，64QAM 传输速率很高，最高可以支持 38.015Mbit/s 的峰值传输速率。但是，对干扰信号很敏感，使得它很难适应嘈杂的上行传输（从电缆用户到互联网）。

151　在基带传输中，数字数据信号的编码方式主要有哪几种？

在基带传输中，数字数据信号的编码方式主要有双相码、单极性码、双极性码、归零码、不归零码、曼彻斯特编码及差分曼彻斯特编码。其中曼彻斯特编码和差分曼彻斯特编码都是双相码的一种，它将每个二进制码元换成相位不同的一个方波周期。比如，码元 0 对应相位 π，1 对应相位 0；单极性不归零码是最简单、最基本的二元码，无电压为 0，恒定正电压为 1，每个码元时间的中间点是采样时间，判决门限为半幅电平；单极性归零码是指高电平和零电平分别表示二进制码 1 和 0，无电压为 0，恒定正电压为 1，但持续时间短于一个码元的时间宽度，即发出一个窄脉冲。每个码元时间的中间点是采样时间，判决门限为半幅电平。图 4-6 所示为几种数字数据信号的编码方式。

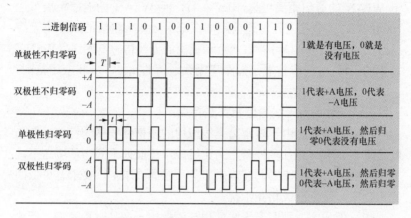

图 4-6　几种数字数据信号的编码方式

第 3 节　短距离无线通信技术

152　什么是无线通信？什么是无线网络？

无线通信是利用电磁波信号可以在自由空间中传播的特性进行信息交换的一种通信方式，近些年信息通信领域中，发展最快、应用最广的就是无线通信技术。在移动中实现的无线通信又通称为移动通信，人们把二者合称为无线移动通信。

无线通信离不开无线网络，凡是采用无线传输媒体的网络都可称为无线网络，无线媒体可以是无线电波、红外线或激光等。无线网络是由许多独立的无线节点之间，通过空气中的无线电波/光波，构成的无线通信网络。无线通信网络根据覆盖距离的不同，可分为无线个域网（WPAN）、无线局域网（WLAN）、无线城域网（WMAN）和无线广域网（WWAN）等。

153 什么是短距离无线通信?

短距离无线通信一般指通信范围不超过 100m 的无线通信,它是智能家居中最常见的一种通信与组网技术。短距离无线通信涵盖了无线个域网(WPAN)和无线局域网(WLAN)的通信范围。其中 WPAN 的通信距离可达 10m 左右,而 WLAN 的通信距离可达 100m 左右。除此之外,通信距离在毫米至厘米量级的近距离无线通信(NFC)技术和可覆盖几百米范围的无线传感器网络(WSN)技术的出现,进一步扩展了短距离无线通信的涵盖领域和应用范围。

154 短距离无线通信有哪些特点?

(1)低功耗。由于短距离无线应用的便携性和移动特性,低功耗是基本要求;并且多种短距离无线应用可能处于同一环境之下,如 WLAN 和微波 RFID,在满足服务质量的要求下,要求有更低的输出功率,避免造成相互干扰。

(2)低成本。短距离无线应用与消费电子产品联系密切,低成本是短距离无线应用能否推广和普及的重要决定因素,如 RFID 和 WSN 应用,需要大量使用或大规模敷设,成本成为技术实施的关键。

(3)多为室内环境下应用。与其他无线通信不同,由于作用距离限制,大部分短距离应用的主要工作环境是在室内,特别是 WPAN 应用。

(4)使用 ISM 频段。考虑到产品和协议的通用性及民用特性,短距离无线技术基本上使用免许可证 ISM 频段。

(5)电池供电的收发装置。短距离无线应用设备一般都有小型化、移动性要求。在采用电池供电后,需要进一步加强低功耗设计和电源管理技术的研究。

155 无线通信系统的主要技术指标有哪些?

无线通信系统的技术指标是围绕传输的有效性和可靠性来制定的,主要有传输速率、频带利用率及可靠性这几点。

(1)传输速率。传输速率又分为码元传输速率 R_B 和比特率 R_b。

1)码元传输速率 R_B 又称为码元速率或传码率。其定义为单位时间内传送码元的数目，单位为 Baud（波特），常用符号"B"表示。

2）比特率 R_b 又称信息传输速率或传信率，其定义为单位时间内传送的平均信息量或比特数，单位是 bit/s（比特/秒）。

（2）频带利用率。当比较不同通信系统的有效性时，单看它们的传输速率是不够的，还应看在这样的传输速率下所占的信道的频带宽度，即频带利用率。频带利用率指的是单位频带内所能实现的信息速率。单位是 bit/s/Hz（或 Baud/Hz）。

（3）可靠性。衡量无线通信系统可靠性的指标是差错率，常用误码率和误信率表示。

1）误码率（码元差错率）是指错误接收的码元数在传送总码元数中所占的比例，更确切地说，误码率是码元在传输系统中被传错的概率，有

误码率＝传输中的错误码元/所传输的总码数

计算机通信的平均误码率要求低于 10^{-9}。

2）误信率（信息差错率）是指错误接收的比特数在传送总比特数中所占的比例，有

误信率＝传输中的错误比特数/所传输的总比特数

156 无线通信技术标准有哪些？

无线通信技术标准是由国际电子电气工程师协会（IEEE）制定，1997 年制定出第一个无线局域网标准 IEEE 802.11。此后 IEEE 802.11 迅速发展了一个系列标准，并在家庭、中小企业、商业领域等方面取得了成功的应用。1999 年，IEEE 成立了 802.16 工作组开始研究建立一个全球统一的宽带无线接入城域网（WMAN）技术规范。虽然宽带无线接入技术的标准化历史不长，但发展却非常迅速。已经制定的标准有 IEEE 802.11、IEEE 802.15、IEEE 802.16、IEEE 802.20、IEEE 802.22 等。IEEE 802 无线标准体系如图 4-7 所示，其特征比较见表 4-1。截至 2020 年，IEEE 802 标准家族包括 71 个已发布的标准和 54 个正在开发中的标准，如以太网、无线局域网（WLAN）及蓝牙等，为万物互联铺平了道路。

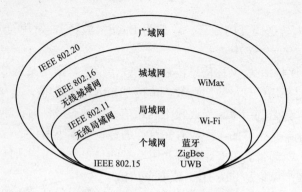

图 4-7　IEEE 802 无线标准体系

表 4-1　　　　IEEE 802 无线标准体系及其特征比较

标准系列	工作频段	传输速率	覆盖距离	网络应用	主要特性及应用
802.20x	3.5GHz以下	16Mbit/s~40Mbit/s	1~15km	WWAN	点对多点无线连接，用于高速移动的无线接入，移动中用户的接入速率可达 1Mbit/s，面向全球覆盖
802.16x	2~11/11~60GHz	70Mbit/s	1~50km	WMAN	点对多点无线连接，支持基站间的漫游与切换，用于①WLAN 业务接入；②无线 DSL，面向城域覆盖；③移动通信基站回程链路及企业接入网
802.11x	2.4/5GHz	1~54Mbit/s600Mbit/s	100m	WLAN	点对多点无线连接，支持 AP 间的切换，用于企业 WLAN、PWLAN、家庭/SOHO 无线网关
802.15x	2.4GHz/3.1~0.6GHz	0.25/1~55/110Mbit/s	10~75m/10m	WPAN	点对点短距离连接，工作在个人操作环境，用于家庭及办公室的高速数据网络，802.15.4 工作在低速率家庭网络

157　无线电波传输的基本常识有哪些?

无线电波是一种在空间传播的电磁波，智能家居安装调试人员要了解并掌握无线电波传输的基本常识。

(1) 信号强度。电磁波向空间传播时，它的能量向四面八方传送。如某智能紫蜂（ZigBee）无线网关发射功率最大为 18dBm，接收灵敏度为 -90dBm，其中 dBm 是表示对于 1mw 功率的比值大小。

dB 是一个纯计数单位，它的计算公式为 dB＝10lg（A／B）。当 A 和 B 表示两个功率时，dB 就表示两个功率的相对值。

例如 100mW 的功率，按 dBm 单位进行折算后的值应为：10lg（100mW/1mW）＝10lg（100）＝20dBm。功率采用 dBm 表示后，可将普通数的乘运算转换成 dBm 加运算。运算时要牢记以下几个常用的 dB 值，即 3dB＝2，5dB＝3，7dB＝5，10dB＝10，0dB＝1。如 500mW＝（5×10×10×1）mW＝（7＋10＋10＋0）dBm＝27dBm；30mW＝（3×10×1）mW＝（5＋10＋0）dBm＝15dBm；18dBm＝（5＋3＋10）dBm＝（3×2×10）mW＝60mW；－19dBm＝（3＋3＋3＋10）dBm＝（2×2×2×10）mW＝－80mW。

（2）信号的传送方式。无线信号传递主要有辐射和传导两种方式。辐射是指无线信号通过天线将信号传递到空气中去；传导是指无线信号在线缆等介质内进行无线信号传递。无线信号在线缆介质内传导不受外界干扰，损耗小，速率快，质量好，但需要事先敷设线缆。

（3）无线电波的传播方式。无线电波在传播过程中因传播的波长不同而具有不同的传播方式。主要分为地波传播、天波传播和视距波传播（又称空间波传播）。智能家居采用的无线网络的工作频段主要为 2.4GHz，属于空间波传播；无线电波在空间中的传播方式有直射、反射、折射、穿透、绕射（衍射）和散射。无线电波在传播过程中都是随着距离的增加而衰减的，一般来说，频率越高，衰减越快。

（4）接收灵敏度。接收灵敏度就是接收机能够正确地把有用信号解调出来的最小信号接收功率。无线传输的接收灵敏度类似于人们沟通交谈时的听力，提高信号的接收灵敏度可使无线产品具有更强的捕获弱信号的能力。这样，随着传输距离的增加，接收信号变弱，高灵敏度的无线产品仍可以接收数据，维持稳定连接，大幅提高传输距离。如某款无线网关的接收灵敏度为－90dBm。华为 AP8130DN 的技术参数中的频率范围为 2.4GHz 和 5GHz 双频接收灵敏度如下。

1）2.4GHz，802.11b（CCK）：－101dBm@1Mbit/s；－96dBm@

2Mbit/s；−94dBm@5.5Mbit/s；−89dBm@11Mbit/s。

2）5GHz，802.11a（non-HT20）：−95dBm@6Mbit/s；−93dBm@9Mbit/s；−92dBm@12Mbit/s；−90dBm@18Mbit/s；−87dBm@24Mbit/s；−84dBm@36Mbit/s；−80dBm@48Mbit/s；−78dBm@54Mbit/s 纠错。

158 智能家居中的短距离通信技术有哪些?

智能家居中的短距离通信技术主要有紫蜂（ZigBee）、Wi-Fi、蓝牙与超宽带等，这 4 种流行的短距离无线通信技术各有千秋，既存在着相互竞争，在某些实际应用领域内又相互补充，实际上，没有一种技术可以完美到足以满足所有的要求。这 4 种主要短距离无线通信技术的比较见表 4-2。有关 ZigBee、Wi-Fi、蓝牙技术的详细介绍请参看第 6 章。

表 4-2　　　　4 种主要短距离无线通信技术的比较

项目	Wi-Fi 802.11b	Bluetooth 802.15.1	UWB 802.15.3a	ZigBee 802.15.4
网络节点	30	7	10	65535
通信距离	10~100m	10~100m	<10m	10m~3km
传输速率	11Mbit/s 5.4Mbit/s 6756Mbit/s	748kbit/s~ 24Mbit/s	100Mbit/s 以上	20/40/250kbit/s
工作频段	2.4GHz/5GHz	2.4GHz	1GHz 以上	2.4GHz
抗干扰性	较强	弱	较强	强
目标应用	家庭/企业/公众局域网络多媒体应用、移动应用	控制、声音、PC外设、多媒体应用、移动应用	多媒体和移动应用	控制、PC 外设、医疗护理、移动应用
功　耗	>1W	1~100W	<1W	1µW~1mW

第 4 节　移动通信技术

159 什么是移动通信? 什么是蜂窝移动通信?

移动通信是指移动用户与固定用户或移动用户之间的通信方

式，它利用电磁波信号在自由空间中传播的特性进行信息交换，又称为无线移动通信。

蜂窝移动通信（Cellular Mobile Communication）也称小区制移动通信，是采用蜂窝无线组网方式，在终端和网络设备之间通过无线通道连接起来，进而实现用户在活动中可相互通信。

蜂窝移动通信的主要特征是终端的移动性，并具有越区切换和跨本地网自动漫游功能。可把大范围的服务区划分为多个小区，每个小区设置一个基站来负责本小区各个移动台的联络和控制，各个基站通过移动交换中心相互联系，并与市话局连接。蜂窝移动通信网络结构如图 4-8 所示。

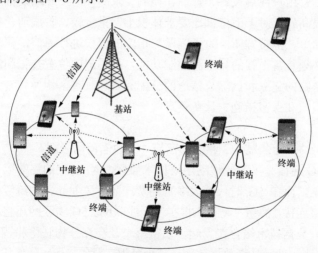

图 4-8　蜂窝移动通信网络结构

蜂窝移动通信业务是指经过由基站子系统和移动交换子系统等设备组成蜂窝移动通信网提供的话音、数据、视频图像等业务。

160　移动通信有哪些特点?

移动通信与固定通信相比，具有以下特点。

（1）移动性。移动性就是要保持物体在移动状态中的通信，因而它必须是无线通信，或无线通信与有线通信的结合。

（2）电磁波传播环境复杂。因移动体可能在各种环境中运动，电磁波在传播时会产生反射、折射、绕射、多普勒效应等现象，产生多径干扰、信号传播延迟和展宽等效应。

（3）噪声和干扰严重。除去一些常见的外部干扰和噪声，如天电干扰、工业干扰、信道噪声等，在城市环境中还有汽车噪声等，移动用户之间的相互干扰、邻里干扰、同频干扰等。

（4）系统和网络结构复杂。移动通信是一个多用户通信系统网络，必须使用户之间互不干扰，能协调一致地工作。此外，移动通信系统还应与市话网、卫星通信网、数据网等互联，整个网络结构很复杂。

（5）用户终端设备、管理和控制要求高。用户终端设备除技术含量很高外，对于手持机还要求体积小、重量轻、防振动、省电、操作简单、携带方便；为了确保与指定的用户进行通信，移动通信系统必须具备很强的管理和控制功能，如用户的位置登记和定位、呼叫链路的建立和拆除、信道的分配和管理、越区切换和漫游的控制、鉴权和保密措施、计费管理等。

161 什么是 5G 通信？它与 4G 通信有何区别？

5G 通信是第五代移动通信技术简称，4G 时代的终端以智能设备为主，而在 5G 时代绝大多数消费产品、工业品、物流等都可以与网络连接，海量"物体"将实现无线联网。5G 物联网还将与云计算和大数据技术结合在一起，使得整个社会充分物联化和智能化。5G 的性能目标是高数据速率、减少延迟、节省能源、降低成本、提高系统容量和大规模设备连接。

国际电信联盟（ITU）定义了 5G 的三大类应用场景，即增强移动宽带（eMBB）、超高可靠低时延通信（uRLLC）和海量机器类通信（mMTC）。增强移动宽带（eMBB）主要面向移动互联网流量爆炸式增长，为移动互联网用户提供更加极致的应用体验；超高可靠低时延通信（uRLLC）主要面向工业控制、远程医疗、自动驾驶等对时延和可靠性具有极高要求的垂直行业应用需求；海量机器类通信（mMTC）主要面向智慧城市、智能家居、环境监测等以传感和数据采集为目标的应用需求。ITU 定义了 5G 的八大关键性能指标，其中高速率、低时延、大连接成为 5G 最突出的特征，用户体验速率达 1Gbit/s，时延低至 1ms，用户连接能力达 100 万连接/km^2。

我国已建成全球规模最大的 5G 独立组网网络，截至 2022 年 7 月，累计建成开通 5G 基站 196.8 万个，占全球的 60%以上，5G 移动电话用户达到 4.75 亿户，占全球 70%以上。

5G 通信与 4G 通信的区别可见表 4-3。

表 4-3   5G 通信与 4G 通信的区别

技术指标	4G 参考值	5G 参考值	提升效果
峰值速率	1Gbit/s	10～20Gbit/s	10～20 倍
用户体验速率	10Mbit/s	0.1～10Gbit/s	10～100 倍
流量密度	0.1Tbps/km^2	10Tbps/km^2	100 倍
端到端时延	10ms	1ms	10 倍
连接数密度	10^5/km^2	10^6/km^2	10 倍
移动通信支持速度	350km/h	500km/h	1.43 倍
能效	1 倍	100 倍提升	100 倍
频谱效率	1 倍	3～5 倍提升	3～5 倍

162 5G 技术在智能家居有何应用？

5G 技术最突出的特征是高速率、低时延、广连接。5G 技术在智能家居范围内支持大规模智能设备互联互交，同时 5G 网络将使智能设备语音、图像交互时延降至 10ms 或更低，远快于人的反应速度，这给用户带来良好的智能体验。同时高速率、低时延的 5G 让人与智能家居之间的交互交集变得更通畅、更简单、更自然。

5G 技术在智能家居的应用广泛，比如共享物联家电设备、可穿戴人感设备、智能家居安防设备、智慧居家养老设备等。5G 技术改变了原本家电所被人认知的静止和被动的状态属性，使这些智能设备能够提供全方位、全网络、全时性的信息交换能力，协助个人、家庭与外界保持高效流畅的实时交流，极大程度地提升人们的生活品质、工作效率。

163 什么是6G通信?

6G 通信即第六代移动通信标准，目前还是一个概念性的无线网络移动通信技术，也被称为第六代移动通信技术，主要促进的就是互联网的发展。

6G 网络将是一个地面无线与卫星通信集成的全连接世界。通过将卫星通信整合到 6G 移动通信，实现全球无缝覆盖，网络信号能够抵达任何一个偏远的乡村，让深处山区的病人能接受远程医疗，让孩子们能接受远程教育。此外，在全球卫星定位系统、电信卫星系统、地球图像卫星系统和 6G 地面网络的联动支持下，地空全覆盖网络还能帮助人类预测天气、快速应对自然灾害等。这就是 6G 未来。6G 通信技术不再是简单的网络容量和传输速率的突破，它更是为了缩小数字鸿沟，实现万物互联这个"终极目标"，这便是 6G 的意义。

6G 的数据传输速率可能达到 5G 的 50 倍，时延缩短到 5G 的 1/10，在峰值速率、时延、流量密度、连接数密度、移动性、频谱效率、定位能力等方面远优于 5G。

164 什么是星链卫星通信?

星链卫星通信就是用一系列小卫星来直接进行通信的一种技术，可以直接地理解为将通信基站放在太空上，但其原理却和陆地基站有所不同：在陆地上的通信基站是利用光纤传输信息，在移动端主要是靠通信天线将信号发射出去，或者由大气层进行反射然后被移动端设备接收。而星链技术是将信号直接由地面发射到天空中的卫星，然后由卫星与卫星之间进行传输，最终由地面移动设备进行接收。

2022 年 5 月 20 日，我国用长征二号丙遥 53 火箭将 3 颗低轨通信试验卫星送入太阳同步轨道，有望推进建立我国版本的 SpaceX 的 Starlink 宽带星座。其中 2 颗卫星由长光卫星技术有限公司开发，该公司是一家遥感卫星开发商和运营商，从国有中国科学院（CAS）分拆出来；另一颗卫星由航天东方红卫星有限公司研制，该公司隶属于中国航天技术研究院（CAST），是国家航天局下属的主要航天器制造机构。

　　根据国际电联 ITU 官网上更新的资料显示，2021 年 11 月，我国申报了两个巨型卫星星座的轨道和频率，卫星总数高达 12992 颗，这意味着我国星链计划步伐在加速。

第 5 节　光纤通信技术

165　什么是光纤通信?

　　无线移动看 5G，有线通信看光纤。

　　光纤通信主要是利用光纤传输携带信息的光波达到通信目的的技术。要使光波成为携带信息的载体，必须用信息对光源进行调制，在接收端再把信息从光波中检测出来。可见光纤通信技术的基本要素是光源、光纤和光电检测器。其中，应用最为广泛的光源是激光器；光纤是一种最理想的传输媒介，具有传输容量大，传输质量好，损耗小，中继距离长等特点；光电检测器是光纤通信接收端的关键组成部分。光纤通信正向超高速率、超大容量、超长距离、超宽灵活、超强智能 5 个方面快速发展。

166　什么是光调制?

　　光调制就是将一个携带信息的信号叠加到载波光波上的一种调制技术。光调制能够使光波的某些参数如振幅、频率、相位、偏振状态和持续时间等按一定的规律发生变化。其中实现光调制的装置称为光调制器。

　　光调制的方法主要有直接调制、腔内调制和腔外调制 3 种。

　　（1）直接调制。直接调制是指外加信号直接控制激光器的泵浦源（如控制半导体激光器的注入电流），从而使激光的某些参量得到调制。直接调制的优点是采用单一器件、成本低廉、附件损耗小。但是，它的缺点也较多，如调制频率受限（与激光器弛豫振荡有关）、会产生强的频率啁啾、传输距离有限等。

　　（2）腔内调制。在激光形成过程中，以调制信号的规律去改变激光振荡的某一参数，即用调制信号控制着激光的形成，叫做腔内调制。腔内调制直接输入激光器驱动电路调制信号以控制其输出。区别于腔外调制，腔外调制中激光器不受控制，只对输出后的激光进行调制。腔内调制是信号对光源本身直接调制，以调制信号改变激光器的振荡参数，通过偏置电流的变化或改变激光管的腔长等，从而改变激光器输出特性以实现调制，加载信号是在激光振荡过程中进行的。如有一种腔内调制方式是在激光谐振腔内放置调制元件，用调制信号控制元件的物理特性的变化，以改变谐振腔的参数，从而改变激光器输出特性。

（3）腔外调制。在腔外调制中，调制器作用于激光器外的调制器上，借助电光、热光或声光等物理效应，使激光器发射的激光束的光参量发生变化，从而实现调制。

167 光调制方式有哪些？

常见光调制按照其信息承载的对象不同，可分为幅度（强度）调制、相位调制与光偏振调制 3 种。

（1）幅度（强度）调制。光幅度（强度）调制是将传输的信息改变光信号的幅度，在接收端通过检测幅度的变化解调出所传输的信息。如在直接调制中，电信号直接用二进制非归零开关键调制方式，调制激光器的强度（幅度）。

（2）相位调制。光相位调制是借助相位差产生幅度差，依旧属于幅度调制，如两路光的相位差是 0°，那么相加以后，振幅就是 1＋1＝2；如果两路光的相位差是 90°，那么相加以后，振幅就是 $\sqrt{2}$；如果两路光的相位差是 180°，那么相加以后，振幅就是 1－1＝0。于是研究出 BPSK（二进制相移键控）、QPSK（正交相移键控）和 QAM（正交幅度调制）调制方式。

（3）光偏振调制。利用偏振光振动面旋转，实现光调制最简单的方法是用两块偏振器相对转动，按马吕斯定理，输出光强为 $I=I_0\cos2\alpha$，式中 I_0 为两偏振器主平面一致时所通过的光强；α 为两偏振器主平面间的夹角。光偏振调制主要用于机械工程，光学仪器，激光器件和激光设备。

168　什么是光纤复用?

在光纤通信中,为了能传输多个信道的信号,早期通常是依靠增加光纤数量来达到增加传输容量的目的。可这种方式会造成光纤带宽的浪费,使得维护成本大大增加。因此,为了解决这一问题,光纤复用技术应运而生,当前主要有波分复用和空分复用两种。

(1)波分复用(WDM)。在波分复用技术中,把不同的业务数据,放在不同波长的光载波信号中,在一根光纤中传送。比较常见的是稀流波分复用(CWDM)和密集波分复用(DWDM)。早期的时候,技术条件有限,波长间隔会控制在几十纳米,这种间隔分散的波分复用即稀疏波分复用,也称粗波分复用。后来随着技术发展,波长间隔越来越短,已经可以达到几纳米的级别,即密集波分复用。CWDM 由于设备体积小、功耗低、成本低、兼容性好等优势,被广泛运用于 5G 基础设施建设中。

(2)空分复用(SDM)。空分复用技术是指不同空间位置传输不同信号的复用方式,如利用多芯光纤传输多路信号就是空分复用方式。SDM 可扭转信息网络中传输速率受限的状况,使单位带宽的成本下降,为各种宽带业务提供经济的传输和交换技术。空分复用技术在光网络中的作用就如同分组交换技术在专用线路中的作用一样,保留了光传输系统的固有特性,但是改善了对"突发性"数据业务的传输性能。既保持了原有 SDH 支持话音以及 TDM 业务的特点,同时能大大地提高对 ATM、帧中继、以太网和 IP 的传输效率。

169　什么是光调制解调器(光猫)?

光调制解调器也称光猫,它是利用一对光纤进行点到点式的光传输终端设备,也是全屋智能家居本地网络的输入光端机。

光猫是一种类似于基带数字调制解调器(Modem)的设备,和基带 Modem 不同的是,光猫接入的是光纤专线,是光信号。用光电信号的转换和接口协议的转换后接入路由器,属于广域网接入的一种,也就是常常说到的光纤接入。只要存在光纤的地方都需要用光猫对光信号进行转换。

　　光猫内部采用大规模集成电路，电路简单，功耗低，可靠性高，具有完整的告警状态指示和完善的网管功能，有的光猫自带的路由器功能，构成光猫路由器一体机，如图 4-9 所示。

图 4-9　光猫路由器一体机

第5章

物 联 网 技 术

第1节 物联网相关概念

170 什么是互联网?

互联网（Internet）又称因特网、国际网络，指的是网络与网络之间所串连成的庞大网络，这些网络以一组通用的协议相连，形成逻辑上的单一巨大国际网络。

互联网始于 1969 年美国的阿帕网。将计算机网络互相连接在一起的方法可称作"网络互联"，在这基础上发展出覆盖全世界的全球性互联网络称互联网，即互相连接在一起的网络结构。

171 什么是"互联网＋"?

"互联网＋"是指创新 2.0 下的互联网发展新形态、新业态，是知识社会创新 2.0 推动下的互联网形态演进。新一代信息技术发展催生了创新 2.0，而创新 2.0 又反过来作用与新一代信息技术形态的形成与发展，重塑了物联网、云计算、社会计算、大数据等新一代信息技术的新形态，并进一步推动知识社会以用户创新、开放创新、大众创新、协同创新为特点的创新 2.0，改变了人们的生产、工作、生活方式，也引领了创新驱动发展的"新常态"。

2015 年 3 月 5 日上午十二届全国人大三次会议上，李克强总理在政府工作报告中首次提出"互联网＋"行动计划。2022 年 4 月 26 日，国务院办公厅印发了"关于进一步释放消费潜力促进消费持续恢复的意见"，指出要适应常态化疫情防控需要，促进新型消费，加快线上线下消费有机融合，扩大升级信息消费，培育壮大智慧产品和智慧零售、智慧旅游、智慧广电、智慧养老、智慧家政、数字文化、智能体育、"互联网＋医疗健康""互联网＋托育""互联网＋家装"等消费新业态。

172　什么是物联网?

物联网概念刚刚出现不久,随着对其认识的日益深刻,其内涵也在不断地发展、完善。"物联网"的内涵起源于由 RFID 对客观物体进行标识并利用网络进行数据交换这一概念,并在不断扩充、延展、完善。目前,人们对于物联网的定义一直未达成统一的意见,存在以下几种侧重点不同的定义。

(1)定义 1。1999 年美国麻省理工学院 Auto-ID 研究中心提出的物联网概念如下:把所有物品通过射频识别(RFID)和条码等信息传感设备与互联网连接起来,实现智能化识别和管理。

(2)定义 2。2005 年国际电信联盟(1TU)在《The Internet of Things》报告中对物联网概念进行扩展,提出如下定义:任何时刻、任何地点、任意物体之间的互联,无所不在的网络和无所不在计算的发展愿景,除 RFID 技术外,传感器技术、纳米技术、智能终端等技术都将得到更加广泛的应用。

(3)定义 3。2009 年 9 月 15 日欧盟第 7 框架下 RFID 和物联网研究项目簇(CERP-IoT)在发布的《Internet of Things Strategic Research Roadmap》研究报告中对物联网的定义如下:物联网是未来互联网(Internet)的一个组成部分,可以被定义为基于标准的和可互操作的通信协议且具有自配置能力的动态的全球网络基础架构。物联网中的"物"都具有标识、物理属性和实质上的个性,使用智能接口,实现与信息网络的无缝整合。

173　什么是网络协议?

在数据通信网络中,为使各计算机之间或计算机与终端之间能正确地传送信息,必须在有关信息传输顺序、信息格式和信息内容等方面有一组约定或规则,这组约定或规则就称为网络协议。

174　网络通信协议的三要素是什么？

网络通信协议的三要素是语义、语法及时序。语义表示要做什么，语法表示要怎么做，时序表示做的顺序。

（1）语义。语义是解释控制信息每个部分的意义。它规定了需要发出何种控制信息，以及完成的动作与做出什么样的响应。语义主要用来说明通信双方应当怎么做。用于协调与差错处理的控制信息。

（2）语法。语法是用于规定将若干个协议元素组合在一起，来表达一个更完整的内容时所应遵循的格式，也即对所表达内容的数据结构形成的一种规定。

（3）时序。时序定义了何时进行通信，先讲什么，后讲什么，讲话的速度等。比如是采用同步传输还是异步传输。

175　什么是 TCP/IP 协议？

TCP/IP 协议是传输控制/因特网互联协议，是互联网最基本、最广泛的协议。从名字上看，TCP/IP 包括 2 个协议，即传输控制协议（TCP）和因特网互联协议（IP），但 TCP/IP 实际上是一组协议，通常称它为 TCP/IP 协议族，还包括超文本传输协议（HTTP）、远程终端协议（Telnet）、简单文件传输协议（TFTP）、电子邮件传输协议（SMTP）、简单网络管理协议（SNMP）、路由信息协议（RIP）、网络文件系统（NFS）、用户数据报协议（UDP）、Internet 控制报文协议（ICMP）、Internet 组管理协议（IGMP）、地址解析协议/反向地址转换协议（ARP/RARP）、边界网关协议（BGP）、链路状态型路由协议（OSPF）、路由协议（RIP）等，如图 5-1 所示。

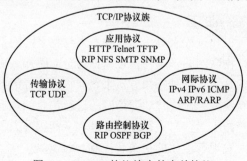

图 5-1　TCP/IP 协议族中的有关协议

121

176 什么是 TCP/IP 参考模型?

TCP/IP 是一组用于实现网络互连的通信协议。Internet 网络体系结构以 TCP/IP 为核心。基于 TCP/IP 的参考模型将协议分成 4 个层次,自上而下分别是数据链路层、网络层、传输层、应用层。每一层由若干协议组成,每层完成不同功能,上层使用下层提供的服务。通常将 OSI 参考模型中的下面 3 层合并成一个应用层。TCP/IP 和 OSI 参考模型如图 5-2 所示。

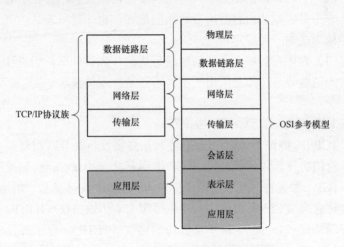

图 5-2　TCP/IP 和 OSI 参考模型

第 2 节　物联网的基本特征

177 物联网的基本特征是什么?

从通信对象和过程来看,物与物、人与物之间的信息交互是物联网的核心。物联网的基本特征可概括为全面感知、可靠传输和智能处理,也就是通过各种感知方式来获取物理世界的各种信息,结合互联网、有线网、无线移动通信网等进行信息的传递与交互,再采用智能计算技术对信息进行分析处理,从而提升人们对物质世界的感知能力,实现智能化的决策和控制。

178　什么是全面感知?

全面感知是指利用无线射频识别（RFID）、传感器、定位器和二维码等手段随时随地对物体进行信息采集和获取。传感器属于物联网的神经末梢，是人类全面感知自然的最核心元件，各类传感器的大规模部署和应用是构成物联网不可或缺的基本条件。对应不同的应用应安装不同的传感器，传感器获得的数据信息具有实时性，按一定的周期采集相关信息，并且不断更新数据信息。

179　什么是可靠传输?

可靠传递是指通过各种电信网络和因特网融合，对接收到的感知信息进行实时远程传送，实现信息的交互和共享，并进行各种有效的处理。这一过程通常需要用到有线和无线网络，如无线局域网、无线传感器网络、光纤宽带网和移动通信网等。

180　什么是智能管理?

智能处理是指利用云计算、模糊识别等各种智能计算技术，对随时接收到的跨地域、跨行业、跨部门的海量数据和信息进行分析处理，提升对物理世界、经济社会各种活动和变化的洞察力，实现智能化的决策和控制。

第 3 节　物联网的体系结构

181　物联网的体系结构分为哪几层?

物联网的体系结构通常被认为有 3 个层次，从下到上依次是感知层、网络层和应用层，如图 5-3 所示。

182　感知层的作用是什么?

物联网的感知层主要完成信息的采集、转换和收集。可利用射频识别（RFID）、二维码、GPS、摄像头、传感器等感知、捕获、测量技术手段，随时随地地对感知对象进行信息采集和获取。感知层包含两个部分：①数据采集；②传感器网络组网和协同信息处理。

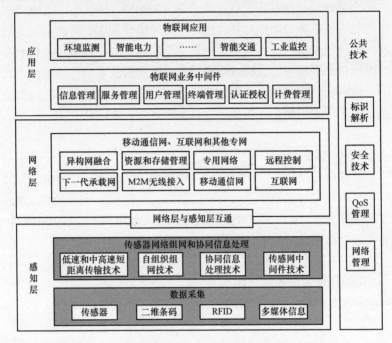

图 5-3　物联网的体系结构

183　感知层的技术有哪些?

感知层的技术主要包括传感器技术、射频识别（RFID）技术、二维码技术、蓝牙技术、GPS 定位技术、多媒体信息采集与处理技术、无线传感器网络技术和无线通信技术。如物联网智能家居系统中的感知层包括无线温湿度传感器，无线门磁、窗磁，无线燃气泄漏传感器等，用到相应技术及短距离无线通信技术等。

184　网络层的作用是什么?

物联网的网络层主要完成信息传递和处理。网络层包括移动通信网、互联网和其他专用网（如有线电话网、有线宽带网等）。

物联网智能家居系统中的网络层还包括家居物联网管理中心、信息中心、云计算平台、专家系统等对海量信息进行智能处理的部分。网络层不但要具备网络运营的能力，还要提升信息运营的能力，如对数据库的应用等。在网络层中，尤其要处理好可靠传送和智能处理这两个问题。

185　网络层的技术有哪些？

网络层的技术包含了互联网技术、地面无线传输技术、卫星通信技术、移动通信技术、有线宽带技术、公共交换电话网（PSTN）技术、光纤通信技术等，还包含了终端技术，如实现传感网与通信网结合的网桥设备、为各种行业终端提供通信能力的通信模块等。

186　应用层的作用是什么？

物联网的应用层主要完成数据的管理和数据的处理，并将这些数据与各行业应用相结合。应用层包括物联网中间件和物联网应用两部分。物联网中间件是一种独立的系统软件或服务程序。中间件将许多可以公用的能力进行统一封装，提供给丰富多样的物联网应用。统一封装的能力包括通信的管理能力、设备的控制能力、定位能力等。

物联网应用是用户直接使用的各种应用，种类非常多，包括家庭物联网应用（如家用电器智能控制、家庭安防等），也包括很多企业和行业应用（如石油监控应用、电力抄表、车载应用、远程医疗等）。

187　应用层的技术有哪些？

应用层主要基于软件技术和计算机技术实现，其关键技术主要是基于软件的各种数据处理技术，此外云计算技术作为海量数据的存储、分析平台，也将是物联网应用层的重要组成部分。还有人工智能技术、数据挖掘技术、物联网中间件技术等。

第 4 节　物联网的应用场景

188　物联网有哪些应用场景？

近年来，物联网的应用场景很多，主要在包括智慧园区、智慧社区、智慧农业、智慧医疗、智慧养老、智慧工厂、智能家居、智能交通、智能物流、智能零售、智能楼宇和智能电网等，如图 5-4 所示。

图 5-4　物联网的应用场景

189　什么是智慧园区？

智慧园区是指采用新一代通信技术、数字化技术深入应用于园区的管理运营，具备信息迅速采集、信息高速传输、信息快速计算综合运用能力，实现园区内设备管理、资产管理、数据管理、招商租赁、物业服务等数字化运营，提高园区产业竞争力，促进智慧园区可持续性发展的先进理念。

智慧园区通常分为产业园区、物流园区、工业园区、创意园区、科技园区、化工园区等，一般是由政府和企业共同规划建设的，现在的智慧园区重点是强调智慧化、数字化、节能化，就是把现代的科技元素融合到园区建设中，也称为智能园区。

190　什么是智慧社区？

智慧社区是指充分利用物联网、云计算、移动互联网等新一代信息技术的集成应用，为社区居民提供一个安全、舒适、便利的现代化、智慧化生活环境，从而形成基于信息化、智能化社会管理与服务的一种新的管理形态的社区。

从应用方向来看，"智慧社区"应实现"以智慧政务提高办事效率，以智慧民生改善人民生活，以智慧家庭打造智能生活，以智慧小区提升社区品质"的目标。

191　什么是智慧农业？

智慧农业就是将物联网技术运用到传统农业中去，依托各种传感器、软件和无线通信网络，通过移动平台或者电脑平台对农业生产进行控制，使传统农业更具有"智慧"。除了精准感知、控制与决策管理外，从广泛意义上讲，智慧农业还包括农业电子商务、食品溯源防伪、农业休闲旅游、农业信息服务等方面的内容。

所谓"智慧农业"就是充分应用现代信息技术成果，集成应用计算机与网络技术、物联网技术、音视频技术、5G 技术、无线通信技术及专家智慧与知识，实现农业可视化远程诊断、远程控制、灾变预警等智能管理。一般包括智慧大田、智慧果园、智慧畜牧、智慧大棚、农产品电子商务、农产品智慧物流与溯源 6 个方面。

192　什么是智慧居家养老？

智慧居家养老是指利用先进的人工智能（AI）、物联网（IoT）、无线传输技术等手段，面向居家老人提供实时、快捷、高效、低成本的物联化、互联化、智能化的养老服务。

智慧居家养老，其实就是一个互联网平台，通过发展客户，统计老人的信息档案，在智能终端设备中植入传感器，以家庭网络为纽带，整合养老服务机构、专业医疗服务队伍和社会义工资源，为老年人提供综合性的居家养老服务。比如北斗卫星定位、SOS 紧急求救、生活服务需求、购物需求、身体健康实时监测等。这些功能实现是需要一定的智能硬件设备和 App 搭配，比如智能手表（手环）、智慧床垫、健康照护机器人、智能安防设备等。

193　什么是智慧工厂？

智慧工厂是在数字化工厂的基础上，利用物联网技术、人工智能技术、数字技术、信息技术和设备监控技术加强信息管理和服务，整合工厂内的人员、机器、设备和基础设施实施多系统之间实时的管理、协调和控制，在此基础上，运用绿色能源构建一个高效节能的、绿色环保的、环境舒适的人性化工厂。

194 什么是智慧医疗?

智慧医疗是医疗信息化最新发展阶段的产物，是 5G、云计算、大数据、AR/VR、人工智能等技术与医疗行业进行深度融合的结果，是互联网医疗的演进。智慧医疗通过健康档案区域医疗信息平台，利用最先进的物联网技术，实现患者与医务人员、医疗机构、医疗设备之间的互动，逐步达到信息化。

智慧医疗由智慧医院系统、区域卫生系统以及家庭健康系统 3 部分组成。其中智慧医院系统具备全面透彻感知、全面互联互通、全面智能决策和全面智能应用 4 个特征，既能帮助医护人员和管理人员提高工作效率，又能为患者实时掌握自己的健康状况提供便捷通道。在智慧医院的搭建中，医院不再只是一个机构，也不只是一个实体，而是作为一个平台重塑医疗服务的产业链、供应链和价值链，每一个利益攸关者都会在这个链条上重新定位。

195 什么是智能交通?

智能交通是将先进的科学技术（信息技术、计算机技术、数据通信技术、传感器技术、电子控制技术、自动控制理论、运筹学、人工智能、互联网、5G、大数据等）有效地综合运用于交通运输、服务控制和车辆制造，加强车辆、道路、使用者三者之间的联系，从而形成一种保障安全、提高效率、改善环境、节约能源的综合运输系统。

智能交通的特点是以信息的收集、处理、发布、交换、分析、利用为主线，为交通参与者提供多样性的服务。即利用高科技使传统的交通模式变得更加智能化，更加安全、节能、高效率。

196 什么是智能物流?

智能物流是指通过感知技术自动采集物流信息，同时借助移动互联技术随时把采集的物流信息通过网络传输到数据中心，实现物流各环节的信息采集与实时共享，同时，管理者可对物流各环节运作进行实时调整与动态管控。全自动化的物流管理运用基于 RFID、传感器、声控、光感、移动计算等各项先进技术，建立物流中心智能控制、自动化操作网络，从而实现物流、商流、信息流、资金流的全面管理。如在货物装卸与堆码中，采用码垛机器人、激光或电磁无人搬运车进行物料搬运，自动化分拣作业、出入库作业也由自动化的堆垛机操作，整个物流作业系统完全实现自动化智能化。

197　什么是智能楼宇？

智能楼宇的核心是 5A 系统，5A 即办公智能化（OA）、楼宇自动化（BA）、通信传输智能化（CA）、消防智能化（FA）及安保智能化（SA）。智能楼宇就是通过通信网络系统将此 5 个系统进行有机的综合，集结构、系统、服务、管理及它们之间的最优化组合，使建筑物具有了安全、便利、高效、节能的特点。智能楼宇是一个边沿性交叉性的学科，涉及计算机技术、自动控制技术、通信技术、建筑技术等，并且有越来越多的新技术在智能楼宇中应用。

198　什么是智能电网？

智能电网就是电网的智能化，也被称为"电网 2.0"，是建立在集成的、高速双向通信网络的基础上，通过先进的传感和测量技术、先进的设备技术、先进的控制方法以及先进的决策支持系统技术的应用，实现电网的可靠、安全、经济、高效、环境友好和使用安全的目标，其主要特征包括自愈、激励和保护用户、抵御攻击、提供满足用户需求的电能质量、容许各种不同发电形式的接入、启动电力市场以及资产的优化高效运行。

智能电网是实现运行信息全景化、数据传输网络化、安全评估动态化、调度决策精细化、运行控制自动化、机网协调最优化的电网，并确保电网运行的安全可靠、灵活协调、优质高效、经济环保。

199 什么是智慧零售?

智慧零售就是依托互联网、物联网、传感器技术，去感知消费习惯，预测消费趋势，满足消费者个性化，多场景的消费方式。在智慧化零售时代，实体门店不再需要导购和销售人员就可以完成交付。

智慧零售的实体店中，通过摄像头和货架传感器等智能终端，利用人工智能、深度学习、图像智能识别、大数据应用等技术，可随时识别消费者身份，判断消费者的购物品类和数量，还可通过人脸识别客流统计功能，从性别、年龄、表情、新老顾客、滞留时长等维度建立到店客流用户画像，为调整运营策略提供数据基础，帮助门店运营从匹配真实到店客流的角度提升转换率。

第5节 物联网控制技术常识

200 嵌入式控制系统由哪几部分组成?

嵌入式系统由嵌入式微处理器、外围硬件设备、嵌入式操作系统以及应用软件系统 4 个部分组成。嵌入式控制系统由嵌入式控制模块、I/O 接口电路、传感器、执行器件、受控对象、A/D 转换器、D/A 转换器、放大器等组成，如图 5-5 所示。

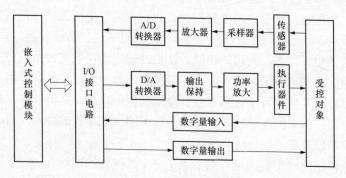

图 5-5 嵌入式控制系统组成

嵌入式控制模块是整个嵌入式控制系统的核心部分；传感器用

来感知受控对象的信息，经过采样、放大、A/D 处理后，传入到嵌入式控制模块中，嵌入式控制模块通过分析处理，再经 D/A 转换、功率放大对执行器件发出的控制命令，去控制受控对象。

201 什么是 A/D 转换器?

A/D 转换器是将模拟信号转换成数字信号的电路，又称为模数转换器。A/D 转换的作用是将时间连续、幅值也连续的模拟量转换为时间离散、幅值也离散的数字信号，因此，A/D 转换一般要经过取样、保持、量化及编码 4 个过程。在实际电路中，这些过程有的是合并进行的，如取样和保持、量化和编码往往都是在转换过程中同时实现的。A/D 转换器示意如图 5-6 所示。

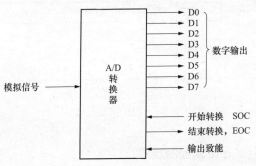

图 5-6 A/D 转换器示意

202 什么是 D/A 转换器?

D/A 转换器又称数模转换器，是把数字量转变成模拟的器件。D/A 转换器内部结构一般由数字缓冲寄存器、N 位模拟开关、译码网络、放大求和电路和基准电压源组成，如图 5-7 所示。

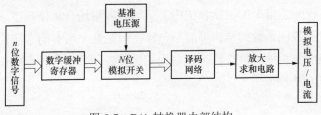

图 5-7 D/A 转换器内部结构

131

203　什么是 PID 控制技术?

PID 控制是一种应用最广泛的自动控制技术，在过程控制中，按偏差的比例（P）、积分（I）和微分（D）进行算法控制，在实际应用中，常根据对象的特征和控制要求，将比例、积分、微分基本控制规律进行适当组合（如 PD、PI，甚至只有 P），以达到对被控对象进行有效控制的目的。这种控制技术具有原理简单，易于实现，适用面广，控制参数相互独立，参数的选定比较简单等优点。PID 控制原理如图 5-8 所示。

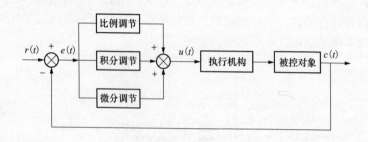

图 5-8　PID 控制原理

204　什么是专家控制技术?

专家控制是指将某领域一个或多个专家或现场操作人员提供的知识和经验总结成知识库，形成很多条规则，并利用计算机、进行推理和判断，模拟人类专家的决策过程，以便控制那些需要人类专家才能处理好的复杂问题。

专家控制系统是一种基于知识的、智能的计算机程序。其内部含有大量的特定领域中专家水平的知识与经验，核心部件的控制器则要体现知识推理的机制和结构。虽然因应用场合和控制要求的不同，专家控制系统的结构可能不一样，但是几乎所有的专家控制系统都包含知识库、推理机、控制规则集和控制算法等。专家控制系统的基本结构如图 5-9 所示。

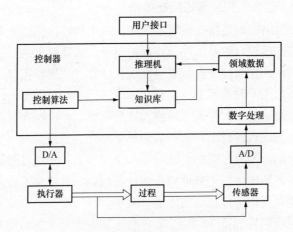

图 5-9 专家控制系统的基本结构

205 什么是模糊控制技术?

模糊控制是基于专家经验和领域知识总结出若干模糊控制规则,构成描述具有不确定性复杂对象的模糊关系,通过被控系统输出误差及误差变化和模糊关系的推理合成获得控制量,从而对系统进行控制。模糊控制是模拟人的思维和语言中对模糊信息的表达和处理方式,具有很强的知识综合和定性推理能力。

模糊控制系统通常由模糊控制器、I/O 接口电路、执行机构、被控对象、A/D 转换器、D/A 转换器、变送器等组成,如图 5-10 所示。其中模糊控制器主要包括模糊化、知识库、模糊推理机和解模糊 4 部分。

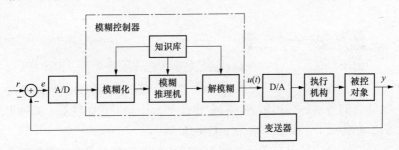

图 5-10 模糊控制系统

206　什么是神经网络控制技术？

神经网络控制是指在控制系统中，应用神经网络技术对人脑进行简单结构模拟，对难以精确建模的复杂非线性对象进行神经网络模型辨识，或作为控制器，或进行优化计算，或进行推理，或进行故障诊断，或同时兼有上述多种功能。

神经网络是由大量人工神经元（处理单元）广泛互联而成的网络，它是在现代神经生物学和认识科学对人类信息处理研究的基础上提出来的，具有很强的自适应性和学习能力、非线性映射能力、鲁棒性和容错能力。充分地将这些神经网络特性应用于控制领域，可使控制系统的智能化向前迈进一大步。

神经网络控制是 20 世纪 80 年代末期发展起来的自动控制领域的前沿学科之一，是智能控制的一个新的分支，为解决复杂的非线性、不确定、不确知系统的控制问题开辟了新途径。神经网络控制是（人工）神经网络理论与控制理论相结合的产物，是发展中的学科，汇集了包括数学、生物学、神经生理学、脑科学、遗传学、人工智能、计算机科学、自动控制等学科的理论、技术、方法及研究成果。

在控制领域，将具有学习能力的控制系统称为学习控制系统，属于智能控制系统。神经控制是有学习能力的，属于学习控制，是智能控制的一个分支。

第 6 节　物联网云平台

207　云平台是什么？

云平台也称云计算平台，就是将云（远程硬件资源）和计算（远程软件资源）组合在一起形成一个平台，对用户提供计算网络和存储能力的各种各样的服务。目前市面上云计算平台比较多，如阿里云、华为云、腾讯云、微软、Google 等。

云平台一般可分为以数据存储为主的存储型云平台、以数据处理为主的计算型云平台及计算和数据存储处理兼顾的综合云计算平台。

208　云服务包含哪些内容?

云服务是基于互联网的相关服务的增加、使用和交付模式,通常涉及通过互联网来提供动态易扩展且经常是虚拟化的资源。云服务指通过网络以按需、易扩展的方式获得所需服务。这种服务可以是 IT 和软件、互联网相关,也可是其他服务。它意味着计算能力也可作为一种商品通过互联网进行流通。

云服务包含基础设施即服务(IaaS)、平台即服务(PaaS)及软件即服务(SaaS)3 个层次。底层的 IaaS 提供构成 IT 系统基础的服务器和存储等硬件。顶级 SaaS 直接为用户提供 IT 系统的"功能"。这个"功能"被解释为软件。事实上,应用程序不能直接与服务器和存储等硬件进行交互。PaaS 提供应用程序开发环境和执行平台即服务。

209　什么是物联网云平台?

物联网云平台定位于物联网技术的中间核心层,其主要作用为向下连接智能化设备,向上承接应用层。简单而言,物联网云平台是物联网平台与云计算的技术融合,是架设在 IaaS 层上的 PaaS 软件,通过联动感知层和应用层,向下连接、管理物联网终端设备,归集、存储感知数据,向上提供应用开发的标准接口和共性工具模块,以 SaaS 软件的形态间接触达最终用户(也存在部分行业为云平台软件,如工业物联网),通过对数据的处理、分析和可视化,驱动理性、高效决策。

物联网云平台的关键组成部分有:①连接管理平台(CMP),解决跨业务线的海量异构设备接入;②设备管理平台(DMP),实现设备的统一管理、控制与固件升级;③应用使能平台(AEP),提供数据开发工具与环境;④业务分析平台(BAP),调取云计算与AI 等数据分析能力为客户提供数据洞察服务。物联网云平台系统架构如图 5-11 所示。

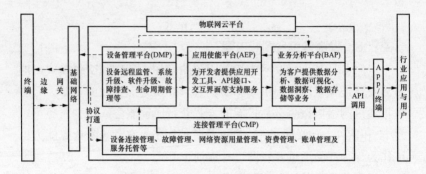

图 5-11　物联网云平台系统架构

210　物联网云平台部署模式有哪些?

物联网云平台基于 PaaS 发展,遵循云服务的部署模式,通常分为公有云与非公有云两种模式(私有云、混合云、专有云等)。从需求角度看,公有云部署的高开放性、低成本开发与标准化模式以及高可复用性等特点契合物联网云平台的需求特征,即可有效解决连通性缺乏与场景割裂等应用问题;从应用角度上,目前生活与生产相关场景中,大部分物联网云平台以公有云的部署方式为主,而涉及定制化开发需求高、网络安全私有化属性高的政务、医疗、交通安防等场景中,物联网云平台更多是作为云能力的一部分整合至解决方案中销向最终客户。物联网云平台部署模式如图 5-12所示。

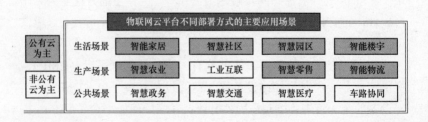

图 5-12　物联网云平台部署模式

211　物联网平台有哪些功能?

物联网平台的功能有: ①连接硬件设备; ②处理不同的通信标准/协议; ③为设备和用户提供安全和身份认证; ④收集,可视化和分析数据; ⑤与其他应用服务聚合。

212　物联网云平台的数据分为哪些类型?

物联网云平台的数据分为传感数据、设备运行数据、音视频及图片数据及中间数据共四大类,其中前三类数据可以通过终端感知设备直接采集获得,而第四类中间数据是对前述三类数据的再处理,用于辅助企业管理决策。从数据采样周期、占用云资源大小、所需设备承载能力、时延容忍的维度看,音视频类流数据对资源和设备的要求最高,其次是设备运行数据类高频业务数据。在物联网架构中,海量数据的采集和接入是前提,多源异构数据的集中与处理是重点。物联网云平台集成了多维感知数据,承载数据的溯源处理、统计分析与价值挖掘、探究复杂事件的内部规律,进而指导人类生活生产,是实现物联网价值的最核心环节。物联网云平台核心数据类型及特征如图 5-13 所示。

213　物联网云平台在物联网体系架构中位置是怎样的?

物联网云平台是物联网体系架构的核心,图 5-14 所示为物联网体系架构,主要包括感知层、网络层、平台层及应用层 4 个层次。

物联网云平台是物联网体系架构和产业链条中的关键枢纽。其向下接入分散的物联网传感层,汇集传感数据;向上则是面向应用服务提供商,提供应用开发的基础性平台和面向底层网络的统一数据接口,支持具体的基于传感数据的物联网应用。

通过物联网云平台,可以实现对终端设备和资产的"管、控、营"一体化,并为各行各业提供通用的服务能力,如数据路由、数据处理与挖掘、仿真与优化、业务流程和应用整合、通信管理、应用开发、设备维护服务等。

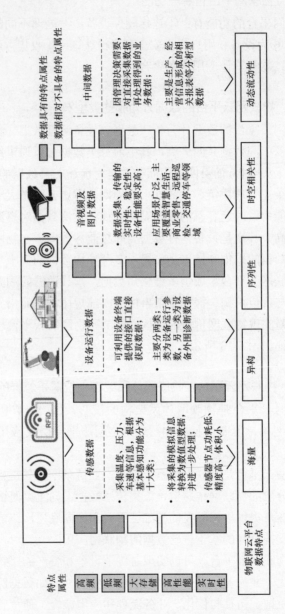

图 5-13　物联网云平台核心数据类型及特征

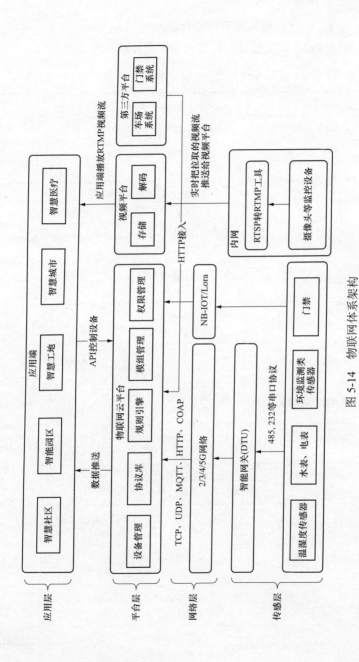

图 5-14 物联网体系架构

139

214 云计算相关国家标准有哪些?

截至 2022 年，现行云计算相关国家标准汇总见表 5-1。

表 5-1　　截至 2022 年现行云计算相关国家标准汇总

序号	标准编号	标准名称	实施日期
1	GB/T 40690—2021	信息技术　云计算　云际计算参考架构	2022-05-01
2	GB/T 33780.4—2021	基于云计算的电子政务公共平台技术规范　第4部分：操作系统	2021-11-01
3	GB/T 33780.5—2021	基于云计算的电子政务公共平台技术规范　第5部分：信息资源开放共享系统架构	2021-11-01
4	GB/T 34077.2—2021	基于云计算的电子政务公共平台管理规范　第2部分：服务度量计价	2021-10-01
5	GB/T 34077.3—2021	基于云计算的电子政务公共平台管理规范　第3部分：运行保障管理	2021-10-01
6	GB/T 34077.4—2021	基于云计算的电子政务公共平台管理规范　第4部分：平台管理导则	2021-10-01
7	GB/T 34078.2—2021	基于云计算的电子政务公共平台总体规范　第2部分：顶层设计导则	2021-10-01
8	GB/T 34078.3—2021	基于云计算的电子政务公共平台总体规范　第3部分：服务管理	2021-10-01
9	GB/T 34078.4—2021	基于云计算的电子政务公共平台总体规范　第4部分：服务实施	2021-10-01
10	GB/T 34079.1—2021	基于云计算的电子政务公共平台服务规范　第1部分：服务分类与编码	2021-10-01
11	GB/T 34079.2—2021	基于云计算的电子政务公共平台服务规范　第2部分：应用部署和数据迁移	2021-10-01
12	GB/T 34079.4—2021	基于云计算的电子政务公共平台服务规范　第4部分：应用服务	2021-10-01
13	GB/T 34079.5—2021	基于云计算的电子政务公共平台服务规范　第5部分：移动服务	2021-10-01
14	GB/T 34080.3—2021	基于云计算的电子政务公共平台安全规范　第3部分：服务安全	2021-10-01

序号	标准编号	标准名称	实施日期
15	GB/T 34080.4—2021	基于云计算的电子政务公共平台安全规范　第 4 部分：应用安全	2021-10-01
16	GB/T 34077.5—2020	基于云计算的电子政务公共平台管理规范　第 5 部分：技术服务体系	2021-04-01
17	GB/T 38249—2019	信息安全技术　政府网站云计算服务安全指南	2020-05-01
18	GB/T 37732—2019	信息技术　云计算　云存储系统服务接口功能	2020-03-01
19	GB/T 37735—2019	信息技术　云计算　云服务计量指标	2020-03-01
20	GB/T 37738—2019	信息技术　云计算　云服务质量评价指标	2020-03-01
21	GB/T 37972—2019	信息安全技术　云计算服务运行监管框架	2020-03-01
22	GB/T 37734—2019	信息技术　云计算　云服务采购指南	2020-03-01
23	GB/T 37736—2019	信息技术　云计算　云资源监控通用要求	2020-03-01
24	GB/T 37739—2019	信息技术　云计算　平台即服务部署要求	2020-03-01
25	GB/T 37737—2019	信息技术　云计算　分布式块存储系统总体技术要求	2020-03-01
26	GB/T 37740—2019	信息技术　云计算　云平台间应用和数据迁移指南	2020-03-01
27	GB/T 37741—2019	信息技术　云计算　云服务交付要求	2020-03-01

第 7 节　窄带物联网 NB-IoT

215　什么是窄带物联网（NB-IoT）？

窄带物联网（NB-IoT）是物联网（IoT）领域一个新兴的技术，支持低功耗设备在广域网的蜂窝数据连接，也被叫作低功耗广域网（LPWAN）。NB-IoT 是 3GPP 标准组织的许可的 IoT 协议，是新一代移动通信技术发展方向，支持待机时间长、对网络连接要求较高设备的高效连接。NB-IoT 构建于蜂窝网络，只消耗大约 180kHz 的带宽，可直接部署于 GSM 网络、UMTS 网络或 LTE 网络，以降低部署成本、实现平滑升级。

216　NB-IoT 有哪些技术特点?

NB-IoT 具有广覆盖、海量连接、低能耗、低速率、低成本等特点。

（1）广覆盖。NB-IoT 基站比普通的 GSM 基站覆盖能力提升 10 倍，这样覆盖相同的面积，需要的基站数就少，部署成本就低。

（2）海量连接。NB-IoT 一个扇区可以支持 10 万个连接，支持更多的终端接入，可以满足一些特定场景，如牧场内的牛羊管理，集装箱码头内信息管理等。

（3）低功耗。通过采用一系列技术来实现低节能，包括非连续收发，控制面优化技术，专门设计的节能模式等，使得终端不充电也可以使用 5～10 年。

（4）低速率。适合小数据的收发，比如远程抄表，水位监测，共享单车控制，路灯控制等。

（5）低成本。包括终端的成本低以及使用费用低，一般不使用数据报的流量来计费，另外 NB-IoT 核心网与 4G 核心网可以融合部署，降低建设成本。

（6）升级支持 5G。通过网络与终端的升级，NB-IoT 也可以支持接到 5G 核心网。

217　NB-IoT 的体系结构是怎样的?

NB-IoT 的体系结构与物联网技术体系一样，可以分成感知层、网络层、平台层和应用层。如图 5-15 所示。

NB-IoT 平台包括物联网连接管理平台和物联网业务使能平台。前者提供开户、计费、实名认证、查询等功能；后者能够实现设备管理、数据管理等功能。两者间相对独立，技术之间的相关性不大，既可以分别部署，也可以配合使用。

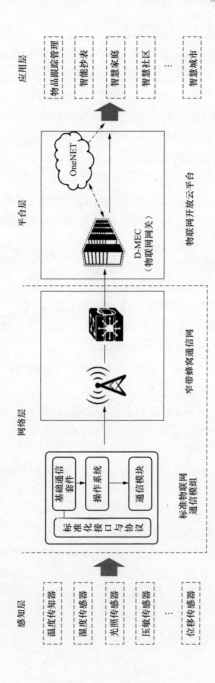

图 5-15　NB-IoT 的体系结构

218 什么是 LoRa 协议?

LoRa 是 LoRa 联盟提供的 IoT 网络协议,它使用未经许可的频谱,几乎允许任何人以低成本建立自己的网络。LoRa 联盟在全球拥有超过 500 个会员,并在全球超过 157 个国家布置了 LoRa 或 LoRaWAN,LoRa 最大特点就是在同等功耗条件下,比其他无线方式传播的距离更远,实现了低功耗和远距离的统一,在同样的功耗下,通信距离是传统无线射频的 3~5 倍。

LoRa 属于非运营商网络的长距离通信解决方案,其所使用的频段正好在工信部规定的民用无线电计量仪表使用频段。因为限定为单频点使用,不能用于组网应用,所以也就限制了 LoRa 技术取得合法通信频段的资格。

219 LoRa 的技术特性有哪些?

(1)传输距离。城镇可达 2~5km,郊区可达 15km。

(2)工作频率。ISM 频段包括 433、868、915MHz 等。

(3)无线标准。IEEE 802.15.4g。

(4)调制方式。基于扩频技术,线性调制扩频(CSS)的一个变种,具有前向纠错(FEC)能力。

(5)容量。一个 LoRa 网关可以连接上千上万个 LoRa 结点。

(6)电池寿命。长达 10 年。

(7)安全。采用 AES128 加密。

(8)传输速率。几百到几十 kbit/s,速率越低传输距离越长。

第6章

家庭网络与组网技术

第1节 家 庭 网 络

220 什么是家庭网络?

顾名思义,家庭网络是融合家庭控制网络和多媒体信息网络于一体的家庭信息化平台,是在家庭范围内实现信息设备、通信设备、娱乐设备、家用电器、自动化设备、照明设备、保安(监控)装置及水电气热表设备、家庭求助报警等设备互连和管理,以及数据和多媒体信息共享的系统。涉及电信、家电、IT 等行业。

当前家庭网络可以分为有线和无线两大类。有线家庭网络主要由双绞线、同轴电缆、光纤连接组网,或由电力线连接组网;无线家庭网络主要包括基于 Wi-Fi 6 技术、蓝牙 Mesh 技术或紫蜂(ZigBee)技术组网等。

221 光纤入户有哪些好处?

为贯彻落实国务院关于"加快宽带中国建设""加快普及光纤入户"的要求,推进光纤到户建设,工业和信息化部通信发展司组织编制的《住宅区和住宅建筑内光纤到户通信设施工程设计规范》(GB50846—2012)和《住宅区和住宅建筑内光纤到户通信设施工程施工及验收规范》(GB 50847—2012)2 项国家标准已于 2013 年 3 月 11 日发布,并于 2013 年 4 月 1 日起实施。

光纤入户能带来的好处如下。

(1)超高宽带,传输速度快。2022 年 4 月 18 日发布的 2021 年第四季度《中国宽带速率状况报告》（第 26 期）显示，2021 年第四季度，我国固定宽带网络平均下载速率达到 62.55Mbit/s，解决了铜线传输的带宽瓶颈。

（2）全业务接入。光纤入户后能适应各种新业务和新应用，包括电视电话会议、可视电话、视频点播、IPTV、网上游戏、远程教育和远程医疗等。

（3）稳定可靠。不易受到环境干扰，损耗小，抗雷击、传输距离长。

（4）寿命长。光纤接入网的生命周期要高于 35 年，通信领域的专家普遍认为未来的接入网络将都是光纤接入网。

（5）光猫终端设备维护方便。

222　三网融合如何入户？

三网融合又称即三网合一，是指电信网、广播电视网和互联网的相互渗透、互相兼容、并逐步整合成为统一的信息通信网络，其中互联网是核心。只需要引入 3 个网络中的一个，就能实现电视、互联网、电话的功能，网络资源将得到充分的利用。

三网融合如何入户可参考《住宅建筑电气设计规范》（JGJ 242—2011）、《民用建筑电气设计标准（共二册）》（GB 51348—2019）及《住宅项目规范》（征求意见稿）的相关内容，设置家居配线箱，家居配线箱的进线管不应少于 2 根，有源家居配线箱应设供电电源；起居室或兼起居室的卧室应设通信系统信息端口和有线电视系统信息端口；家居配线箱的出线管应敷设到通信系统信息端口和有线电视系统信息端口。

223　家庭网络的规划设计应考虑哪些因素？

家庭网络的规划设计可参考中国移动千兆宽带网络规划建设指导意见（2020 版）。根据该指导意见可知，按照家庭宽带用户同时开通视频和宽带上网业务，考虑每用户 2 路视频业务，视频承载方式有组播和点播两种。按每用户开通 2 路视频、VR 业务带宽配置需求见表 6-1。

表 6-1　　按每用户开通 2 路视频、VR 业务带宽配置需求

业务类型	业务特征				带宽配置		
	码率/（Mbit/s）	分辨率	帧率/（frame/s）	压缩编码	高级配置/（Mbit/s）	中级配置/（Mbit/s）	基础配置/（Mbit/s）
1080P 视频	8	1920×1080	25	H.264	15	12	9
4K 视频	30~45	3840×2160	50	H.264	70	57	42
VR 视频	80	7680×4320	30	H.264/265	1140	420	120
VR 游戏	65	3840×2160	60	H.264	1500	540	130

224　家庭网络有哪些设备？网络架构是什么样的？

　　家庭网络的设备主要有光猫、POE 路由器、千兆交换机、嵌入式无线 AP 等，网络架构如图 6-1 所示。一般的中小户型网络系统由于房间数量少，可省略千兆交换机，网络架构简单一些。

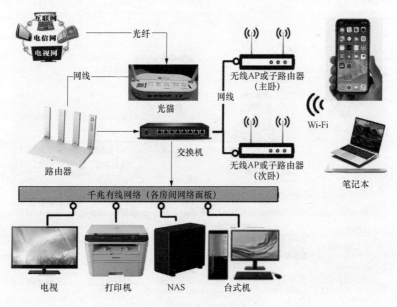

图 6-1　家庭网络架构

第 2 节 总 线 技 术

225 什么是总线技术？它在智能家居中有何应用？

总线技术是指将所有设备的通信与控制都集中在一条总线上，是一种全分布式智能控制网络技术，其产品模块具有双向通信能力以及互操作性和互换性，其控制部件都可以编程。

总线技术的优势在于技术成熟、系统稳定、可靠性高，比较适合于楼宇和小区智能化等大区域范围的控制，还适宜别墅型智能家居，但由于安装比较复杂，造价较高，工期较长，只适用新装修用户。

在智能家居中，通常采用双绞线为控制总线，以此为通信介质的主要有 KNX 总线、Lon Works 总线、RS-485 总线、CAN 总线等。就总线本身而言，这几种总线的拓扑结构基本是相同的，不同的只是通信协议和接口。采用总线控制技术的智能家居网络如图 6-2 所示。

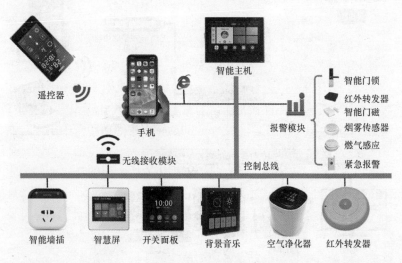

图 6-2 采用总线控制技术的智能家居网络

226　什么是 RS-485 总线?

RS-485 总线是一个定义平衡数字多点系统中的驱动器和接收器的电气特性的标准,该标准由电信行业协会和电子工业联盟定义。RS-485 采用半双工工作方式,支持多点数据通信。RS-485 总线标准规定了总线接口的电气特性标准:①正电平在+2～+6V 之间,表示一个逻辑状态;②负电平在−2～−6V 之间,表示另一个逻辑状态;③数字信号采用差分传输方式,有效减少噪声信号的干扰。

227　RS-485 总线具有哪些特点?

(1) RS-485 采用平衡发送和差分接收,具有抑制共模干扰的能力。加上总线收发器具有高灵敏度,能检测低至 200mV 的电压,所以传输信号能在千米以外得到恢复,最远传输距离可达 3000m。

(2) RS-485 总线的数据传输率非常的高,最大速度能达到 10Mbit/s。

(3) RS-485 总线采用半双工工作方式,任何时候只能有一点处于发送状态,因此,发送电路须由使能信号加以控制。

(4) RS-485 总线用于多点互连时非常方便,可以省掉许多信号线。使用标准 RS-485 收发器时,单条通道的最大节点数为 32 个,允许将多达 8 倍以上单条通道的结点数(256 个)连接到相同总线。

(5) RS-485 总线网络拓扑一般采用终端匹配的总线型结构。即采用一条总线将各个结点串接起来,不支持环形或星形网络。

228　什么是 KNX 总线?

KNX 总线是目前世界上唯一的适用于家居和楼宇自动化控制领域的开放式国际标准,是由欧洲三大总线协议 EIB、BatiBus 和 EHS 合并发展而来。该协议以 EIB 为基础,兼顾了 BatiBus 和 EHSA 的物理层规范,并吸收了 BatiBus 和 EHSA 中配置模式等优点,提供了家居、楼宇自动化的完整解决方案。KNX 技术于 2007 年被批准为国家标准化指导性技术文件,后成为推荐性国家标准《控制网络 HBES 技术规范　住宅和楼宇控制系统》(GB/T 20965—2013)。

229 KNX 总线具有哪些特点?

（1）开放式通信协议。KNX 总线协议可以轻松地实现与第三方系统/设备的对接，如综合业务数字网（ISDN）、电力网、楼宇管理设备等。

（2）传输介质多。KNX 总线协议的传输介质除双绞线、同轴电缆外，还支持使用无线电来传输 KNX 信号。无线信号传输中间频率为 868.30MHz（短波设备），最大发射能量为 25mW，传输速率为 16.384kbit/s，也可以打包成 IP 信号传输。

（3）总线功能强。KNX 传输介质主要是双绞线，传输速率为 9.6kbit/s。总线由 KNX 电源（DC24V）供电，数据传输和总线设备电源共用一条电缆，数据报文调制在直流电源上。

（4）系统配置模式可选。KNX 标准允许每个制造商选择最理想的配置模式，并根据市场允许每个制造商选择目标市场部分和应用的适当组合。KNX 系统包括 2 种配置模式，即 S-Mode（系统模式）和 E-Mode（简单模式）。

（5）互通性好，可靠性高。KNX 认证程序确保不同厂商的不同产品在不同应用中能够共同运作相互通信，这确保了在扩展和修改安装时的高度灵活。

（6）采用分层结构，连接设备多。当使用总线电缆作为传输介质时，KNX 系统采用分层结构，分成域和线路。一个系统有 15 个区域，每个区域有 15 条总线，每条总线最多允许连接 64 台设备（总线元件）。单条线段理论最大长度为 1000m；线路段内电源与总线设备之间最大距离为 350m；线段内两个设备之间最大距离为 700m。

（7）支持各种网络拓扑结构。KNX 总线拓扑结构有总线型、树形和星形 3 种。

230 什么是 Lon Works 总线?

Lon Works 总线是由美国 Echelon 公司 1991 年推出的一种全面的现场总线测控网络，又称作局部操作网（LON）。Lon Works 技术具有完整的开发控制网络系统的平台，包括所有设计、配置安装和维护控制网络所需的硬件和软件。Lon Works 网络的基本单元是节点，一个网络节点包括神经元芯片、电源、一个收发器和有监控设备接口的 I/O 电路。

231　Lon Works 总线有哪些特点?

（1）应用领域广。由于 Lon Works 控制网络的开放性、高速性和互操作性，它已广泛应用于航空/航天、农业控制、计算机/外围设备、诊断/监控、电子测量设备、测试设备、医疗卫生、军事/防卫、办公室设备系统、机器人、安全警卫、保密、运动/游艺、电话通信、运输设备等领域。

（2）采用神经元网络，不需要主机。Lon Works 总线技术采用的 Lon Talk 协议被封装到 Neuron 神经元的芯片中，并得以实现。在智能家居领域，其最大的特点是不需要一个类似大脑的主机，它采用的是神经元网络。每个节点都是一个神经元，这些神经元连接到一起的时候就能协同工作，并不需要另外一个大脑来控制，所以安全性和稳定性较其他总线大大提高。

（3）网络拓扑结构灵活多变。适宜采用总线型、星形、环形、混合型等多种网络拓扑结构，可根据信息采集点的布局结构采用不同的连接方式，最大限度地降低布线的复杂性和工作量，提高系统的可靠性和可维护性。

（4）可靠性高。Lon Works 控制网络是对等网络，任一节点的故障不会造成系统瘫痪，一个信息采集节点的损坏和关闭不影响其他信息采集结点的运行。

（5）扩充性好。网络节点之间使用逻辑连接，很容易添加和修改节点，便于系统调整和扩充升级。另外神经元芯片内置 3 个微处理器、Lon Talk 协议、11 个 I/O 口。这些 I/O 口可根据需求不同来灵活配置与外围设备的接口，如 RS-232、并口、定时/计数、间隔处理、位 I/O 等。

（6）支持双绞线、电力线、光纤、无线、红外等多种通信介质。

232　什么是 CAN 总线?

CAN 即控制器局域网络（Controller Area Network），是 ISO

国际标准化的串行通信协议。它于 1986 年由德国电气商博世（BOSCH）公司开发，并最终成为国际标准（ISO 11898），是国际上应用最广泛的现场总线之一。在北美和西欧，CAN 总线协议已经成为汽车计算机控制系统和嵌入式工业控制局域网的标准总线，并且拥有以 CAN 为底层协议专为大型货车和重工机械车辆设计的 J1939 协议。

233 CAN 总线有哪些特点？

（1）多主机方式工作。网络上任意节点可在任意时刻向其他节点发送数据，通信方式方便。

（2）网络上每个节点都有不同的优先级，当两个节点同时向网络上传送信息时，优先级高的优先传送。

（3）数据通信实时性强。控制器工作于多种方式，支持分布式控制和实时控制，网络各节点之间的数据通信实时性强。

（4）总线节点数有限。使用标准 CAN 收发器时，单条通道的最大节点数为 110 个，传输速率范围是 5kbit/s～1Mbit/s，传输介质可以是双绞线和光纤等，任意两个节点之间的传输距离可达 10km。

（5）传输可靠性较高，界定故障节点十分方便，维护费用较低。在目前已有的几种现场总线方式中，具有较高的性能价格比。

（6）开发周期短。具有的完善的通信协议，可由控制器芯片及其接口芯片来实现，从而大大降低系统开发难度，缩短了开发周期。

（7）缺点。对于单个节点，电路成本高于 RS-485，设计时需要一定的技术基础。

234 采用总线技术的智能家居有哪些品牌？

总线技术一直以其稳定性、可靠性和可扩展性等优势在智能家居领域得到应用，总线技术类产品也逐渐应用于楼宇智能化、小区智能化等大区域范围的控制以及别墅型智能家居。采用总线技术的智能家居的品牌主要有 ABB、施奈德、Control4、索博、霍尼韦尔、快思聪、摩根、海尔智家、河东、星网天合 NEXhome、欧蒙特 IPerHome 等。

第3节 电力线载波技术

235 什么是电力线载波通信（PLC）技术?

电力线载波通信（Power Line Communication，PLC）是电力系统特有的通信方式，是指利用现有家居电力供电线作为信息传输媒介，通过载波方式将语言或数据信号进行高速传输的一种通信方式。最大特点是不需要重新架设网络，只要有电力线，就能进行数据传递。

电力线载波通信技术是利用 1.6～30MHz 频带范围在电力线路上传输信号。在发送时，利用 GMSK 或 OFDM 调制技术将用户数据进行调制、线路耦合，然后在电力线上进行传输。在接收端，先经过耦合、滤波，将调制信号从电力线路上滤出，再经过解调，还原成原信号。目前可达到的通信速率为 4.5～45Mbit/s。

电力线载波通信技术属于一种总线通信技术，它利用无处不在的电力线进行数据传输，较好地解决了通信稳定性、信号屏蔽等问题，可免布线，在智能家居、智能照明、智能家电、全屋智能、智慧路灯、智慧能效管理、智慧光伏、智慧充电桩等领域同样非常适合。因此可以说，经过多年的发展和应用，电力线载波通信技术正成为物联网场景应用的"最后一公里"通信连接主流技术之一。

236 电力线载波通信（PLC）技术有哪些优点?

（1）实现成本低。由于可以直接利用已有的配电网络作为传输线路，所以不用进行额外布线，大大减少了网络的投资，降低了成本。

（2）范围广。电力线是覆盖范围最广的网络，它的规模是其他任何网络无法比拟的。电力线载波通信可以轻松地渗透到每个家庭，为互联网的发展创造极大的空间。

（3）速率高。电力线载波通信能够提供高速稳定的传输，可以支持现有网络上的应用。

（4）永远在线。电力线载波通信属于"即插即用"，不用烦琐的拨号过程，接入电源就等于接入网络。

（5）便捷。不管在家里的哪个角落，只要连接到房间内的任何电源插座上，就可立即拥有电力线载波通信带来的高速网络享受。

237 华为 PLC-IoT 方案有什么优势？

2019 年，华为推出海思 PLC-IoT（Power Line Communication Internet of Thing）电力线载波方案，其工作频段范围为 0.7～12MHz，噪声低且相对稳定，信道质量好；采用正交频分复用（OFDM）技术，频带利用率高，抗干扰能力强；通过将数字信号调制在高频载波上，实现数据在电力线介质的高速长距离传输。通过多级组网可将传输距离扩展至数千米，基于 IPv6 可承载丰富的物联网协议，使能末端设备智能化、实现设备全连接。

较于其他通信技术，PLC-IoT 具有如下优势。

（1）提供更远的传输距离和更高的传输速率。无需担心建筑物遮挡造成的无线信号衰减；理论传输距离为 5km。相对于 2.4G 通信技术，信道环境简单。提供 100kbit/s～2Mbit/s 应用层传输速率，保障 IoT 类产品通信即时性

（2）提供便捷的施工、运维，有电即能用。无需关注拓扑，只要保障设备供电，即可实现通信。无需考虑部署中继节点，只要在同一电力变压器供电环境下，即可进行通信。

（3）能够使用简单、经济的方案隔离通信区域。可以通过简单的并接电容隔离通信区域，避免通信区域间干扰。实现同一通信区域内的无感知自组网。

238 电力线载波通信(PLC)智能家居系统由哪些部分组成？

电力线载波通信（PLC）智能家居系统主要由指令发送器、接收器和被控设备 3 部分组成，如图 6-3 所示。为了配合发射器及接收器工作，还需要一些配套设备，辅助实现控制目的，如三相耦合器、信号转换器、信号强度分析仪、滤波器等。

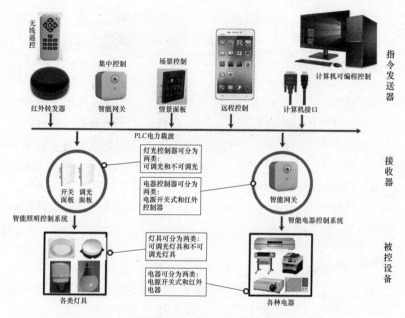

图 6-3 电力线载波通信（PLC）智能家居系统组成

（1）指令发送器。指令发送器的主要作用是通过电力线发送总线控制信号（PLC-BUS）给接收器，通过对接收器的控制，从而达到间接控制灯及电气设备的目的。

（2）接收器。接收器的主要作用是接收来自电力线的总线控制信号（PLC-BUS），并执行相关控制指令，从而达到灯及电器控制的目的。

（3）被控设备。被控设备主要有各种电器和各类灯具。

第4节 紫蜂（ZigBee）技术

239 什么是紫蜂（ZigBee）技术?

紫蜂（ZigBee）技术是一种近距离、低功耗、低速率、低成本的双向无线通信技术。主要用于距离短、功耗低且传输速率不高的各种电子设备之间进行数据传输以及典型的有周期性数据、间歇性数据和低反应时间数据传输的应用。ZigBee 技术非常适用于智能家居的无线控制指令传输，其原因是：①ZigBee 低功耗支持产品 5～10 年内应用，可减少后期维护次数并实现省电节能；②ZigBee 采用 DSSS（直接序列扩频）扩频技术，可一定程度上完善无线技术在抗干扰性能方面的短板；③ZigBee 通过多网关连接，不依赖云执行命令，在断网时也能正常使用。ZigBee 支持星形、树形和网状网的组网，形式多样，广泛应用于智能家居、工业监控、传感器网络等领域。ZigBee 技术使用 2.4GHz（全球）、868MHz（欧洲）及 915MHz（美国）3 种频段，传输速率分别为 250kbit/s、20kbit/s 及 40kbit/s。

国内采用 ZigBee 技术的智能家居品牌有绿米联创、欧瑞博和紫光物联等。

240　紫蜂（ZigBee）技术有什么特点？

（1）功耗低。ZigBee 网络模块设备工作周期较短、传输数据量很小，并且有休眠模式（当不需接收数据时处于休眠状态，当需要接收数据时由"协调器"唤醒它们）。因此，ZigBee 模块非常省电，2 节 5 号干电池可使终端设备工作 6～24 个月，甚至更长。这是 ZigBee 的突出优势，特别适用于无线传感器网络。

（2）成本低。ZigBee 协议简单，数据传输速率低，只需 8 位微处理器，仅需占用 4～32KB 的系统资源，且软件实现也很简单。同时 ZigBee 协议的专利免费，进一步降低了成本。

（3）传输可靠。ZigBee 采用了 CSMA/CA 碰撞避免机制，同时为需要固定带宽的通信业务预留了专用时隙，避免了发送数据时的竞争和冲突。MAC 层采用了完全确认的数据传输机制，每个发送的数据包都必须等待接收方的确认信息。所以从根本上保证了数据传输的可靠性。如果传输过程中出现问题可以进行重发。

（4）时延短。ZigBee 通信时延和响应时间都非常短，典型的搜索设备时延 30ms，休眠激活时延为 15ms，活动设备信道接入时延为 15ms。

（5）数据传输速率低。ZigBee 提供 250kbit/s（2.4GHz）、40kbit/s（915MHz）及 20kbit/s（868MHz）3 种数据传输速率，专门面向低

速率传输数据的应用。

（6）网络容量大。ZigBee 网络可灵活选择星形、树形和网状网络结构，一个星形结构的 ZigBee 网络最多可以容纳一个主设备和254 个从设备，如果采用层次结构，ZigBee 网络理论上最多能容纳65535（$2^{16}-1$）个设备。

（7）安全性好。ZigBee 采用 AES-128 加密算法，可保护数据的完整性和鉴别合法器件。

（8）有效范围小。ZigBee 有效覆盖范围为 10～100m，具体依据实际发射功率的大小和各种不同的应用模式而定。

241　紫蜂（ZigBee）协议标准版本有哪些?

ZigBee 一共公布了 4 个协议标准，分别为 ZigBee 1.0（ZigBee 2004）、ZigBee 2006、ZigBee 2007 及 ZigBee3.0。ZigBee 1.0、ZigBee 2006、ZigBee 2007 版本发布时间比较接近，ZigBee 2007 规范了两套高级的功能指令集（ZigBee 2004 和 ZigBee 2006 都不兼容这两套新的命令集），分别是 ZigBee 功能命令集和 ZigBee Pro 功能命令集。ZigBee 协议标准版本比较见表 6-2。

表 6-2　　　　　　　　ZigBee 协议标准版本比较

版本名称	ZigBee 2004	ZigBee 2006	ZigBee 2007	ZigBee 3.0
发布时间	2004 年 12 月	2006年12月	2007 年 10 月	2016 年 5 月
指令集	无	无	ZigBee	ZigBee Pro
无线射频标准	IEEE 802.15.4 标准			
地址分配	无	CSKIP	CSKIP	随机
网络拓扑	星形	树形、网状	树形、网状	网状　　星形、网形
大网络	不支持			支持
自动跳频	是，3 倍道	否		是
PAND 冲突决策	支持	否	可选	支持
数据分割	支持	否	可选	可选
多对一路由	否			支持
高安全	支持	支持，1 密钥	支持，多密钥	

续表

支持节点数目	少量节点	300 个以下		1000 个以上	最多 65000 个
应用领域	消费电子	智能家居	智能住宅	智能家居、商业	智能家居、商业、农业、工业自动化

ZigBee 3.0 仍然基于 IEEE 802.15.4 标准，采用的是全球通用的 2.4GHz 频率，并且 ZigBee 3.0 使用的是 ZigBee Pro 标准网络层协议，即便是体积最小，功耗最低的设备也能实现可靠稳定的通信联动。

ZigBee 3.0 统一了不同垂直行业的 6 个应用标准（ZigBee HA、ZigBee LL、ZigBee BA、ZigBeeRS、ZigBeeHC 及 ZigBee TS），对之前的标准和以后的技术版本都具备向前和向后的兼容性，显著提高了不同设备之间互操作性，保证了市场存量产品间的互联互通，进一步加强了 ZigBee 网络的安全性。

ZigBee 3.0 定义了超过 130 个设备，涵盖最广泛的设备类型，不仅包括常见的家居自动、家居照明、智能家电，而且连传感器以及医疗保健监控产品等都有覆盖。

242　紫蜂（ZigBee）组网方式有哪些？

按照 ZigBee 协议，可根据工程实际需要组成星形、树形、网状 3 种不同的网络，如果按照网络中设备节点的功能划分，设备节点可以分为协调器节点、路由器节点和终端节点 3 种。而一个 ZigBee 网络一般由一个协调器节点、多个路由器节点和多个终端节点组成，如图 6-4 所示。

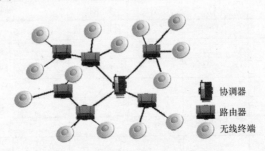

图 6-4　ZigBee 网络示意

第 5 节　Wi-Fi 6 技术

243　什么是 Wi-Fi 6 技术?

Wi-Fi 是英文无线保真(Wireless Fidelity)的缩写,俗称无线宽带。是无线局域网(WLAN)中的一个标准 IEEE 802.11。

Wi-Fi 6 称为 IEEE 802.11.ax,即第 6 代无线网络,是 Wi-Fi 联盟创建于 IEEE 802.11 标准的无线局域网技术。Wi-Fi 6 将允许与多达 8 个设备通信,最高速率可达 9.6Gbit/s。2020 年 1 月 3 日起将使用 6GHz 频段的 IEEE 802.11ax 称为 Wi-Fi 6E。

244　什么是 Wi-Fi 7 技术?

Wi-Fi 7 称为 IEEE 802.11be,即第 7 代 Wi-Fi 无线网络,传输速率最高可达 30Gbit/s,约是 Wi-Fi 6 最高速率的 3 倍。

Wi-Fi 7 是在 Wi-Fi 6 的基础上引入了 320MHz 带宽、4096-QAM、Multi-RU、多链路操作、增强 MU-MIMO、多 AP 协作等技术,使得 Wi-Fi 7 相较于 Wi-Fi 6 可提供更高的数据传输速率和更低的时延。

另外 Wi-Fi 7 除了支持传统的 2.4GHz 和 5GHz 两个频段,还将新增支持 6GHz 频段,并且 3 个频段能同时工作。

2022 年 3 月 4 日,在 2022 年世界移动通信大会(MWC2022)上,中兴率先推出 Wi-Fi 7 标准的产品,2022 年 4 月 7 日,紫光股份旗下新华三集团全球首发企业级智原生 Wi-Fi 7 AP 新品 WA7638 和 WA7338,2022 年 4 月 13 日,博通(Broadcom)发布了首款 Wi-Fi 7 SoC,型号为 BCM4916,采用四核 ARMv8 处理器,可提供高达 24 DMIPS 的性能,具有 1MB L2 缓存和 64kB L1 缓存。

245　Wi-Fi 6 技术有哪些特点?

Wi-Fi 6 的主要特点如下:

(1)速度快。相比于上一代 802.11ac 的 Wi-Fi 5,Wi-Fi 6 最大传

输速率由前者的 3.2Gbit/s，提升到了 9.6Gbit/s，理论速度提升了 3 倍。

（2）延时低。Wi-Fi 6 不仅仅提升了上传下载的速率，还大幅改善了网络拥堵的情况，允许更多的设备连接至无线网络，并拥有一致的高速连接体验，而这主要归功于同时支持上行与下行的 MU-MIMO 和 OFDMA 新技术。

（3）频段兼容。频段方面，Wi-Fi 5 只涉及 5GHz，Wi-Fi 6 则覆盖 2.4/5GHz，完整涵盖低速与高速设备。

（4）数据容量高。调制模式方面，Wi-Fi 6 支持 1024-QAM，高于 Wi-Fi 5 的 256-QAM，数据容量更高，意味着更高的数据传输速度。

（5）带宽利用率好。Wi-Fi 5 标准即支持 MU-MIMO（多用户多入多出）技术，仅支持下行，只能在下载内容时体验该技术。而 Wi-Fi 6 则同时支持上行与下行 MU-MIMO，这意味着移动设备与无线路由器之间上传与下载数据时都可体验 MU-MIMO，进一步提高无线网络带宽利用率。

（6）空间数据流多。Wi-Fi 6 最多可支持的空间数据流由 Wi-Fi 5 的 4 条提升至 8 条，也就是可最大支持 8×8MU-MIMO，这也是 Wi-Fi 6 速率大幅提升的重要原因之一。

（7）传输技术新。Wi-Fi 6 采用了 OFDMA（正交频分多址）技术，它是 Wi-Fi 5 所采用的 OFDM 技术的演进版本，将 OFDM 和 FDMA 技术结合，在利用 OFDM 对信道进行父载波化后，在部分子载波上加载传输数据的传输技术，允许不同用户共用同一个信道，允许更多设备接入，响应时间更短，延时更低。

246 Wi-Fi 协议标准版本有哪些？

Wi-Fi 协议标准版本即 802.11 系列版本，其基本参数见表 6-3。

表 6-3　　　　　　**Wi-Fi 802.11 系列版本的基本参数**

标准版本	第一代	第二代	第三代	第四代	第五代	第六代	第七代
	802.11a	802.11b	802.11g	802.11n	802.11ac	802.11ad	802.11be
发布时间	1999	1999	2003	2009	2013	2017	2022

续表

标准版本	第一代 802.11a	第二代 802.11b	第三代 802.11g	第四代 802.11n	第五代 802.11ac	第六代 802.11ad	第七代 802.11be
工作频段	5GHz	2.4GHz	2，4GHz	2.4GHz、5GHz	5GHz	2.4GHz、5GHz、6GHz	2.4GHz、5GHz、6GHz
传输速率	54Mbit/s	11Mbit/s	54Mbit/s	600Mbit/s	3.2Gbit/s	9.6Gbit/s	30Gbit/s
调制方式	OFDM	DSSS	OFDM DSSS	MIMO-OFDM	MIMO-OFDM	1024-QAM OFDMA	4096-QAM OFDMA
信道宽度	20MHz	20MHz	20MHz	20MHz	20MHz	20/40/80/160 80＋80MHz	320MHz
天线数目	1×1	1×1	1×1	4×4	8×8	8×8UL/DL MU-MIMO	16×16UL/DL MU-MIMO
室内覆盖距离	30m	30m	30m	70m	30m	小于5m	

247　Wi-Fi 组网方式有哪些?

当前最流行的全屋 Wi-Fi 方案主要包括由无线路由器组网和由无线路由器加无线 AP 组网两种，由无线路由器加无线 AP 组网如图 6-5 所示。

家庭 Wi-Fi 的组网方式及注意事项

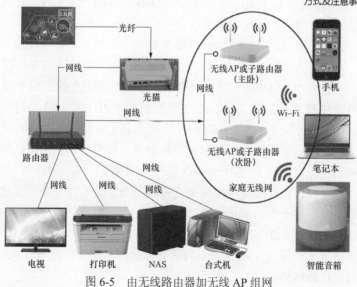

图 6-5　由无线路由器加无线 AP 组网

161

无线路由器可以将家庭宽带从有线转换为无线信号，所有设备只要连接自家 Wi-Fi 就可以上网。无线路由器也是家庭网络的枢纽，所有的设备的数据都必须经过它的转发才能彼此访问或者到达外部网络，功能全面的路由器又被称作"家庭网关"。

第 6 节　蓝牙 Mesh 技术

248　什么是蓝牙 Mesh 技术？

蓝牙（Bluetooth）是一种低成本、低功耗、短距离无线通信技术标准，它将计算机技术与通信技术更紧密地结合在一起，使得现代一些轻易携带的移动通信设备和电脑设备不必借助电缆就能联网，随时随地进行信息的交换与传输。

蓝牙技术在亚马逊、阿里巴巴、谷歌、百度和小米等语音控制前端设备中的应用日益增长，在智能照明、智能家电、门锁、传感器以及许多其他各类设备领域也在不断增加。

蓝牙 Mesh 技术标准的制定是 120 家蓝牙技术联盟企业会员共同努力的成果，远远超越了一般正常的规模，因此才能满足全球对于蓝牙网状网络产业标准的要求。

2011 年，蓝牙技术联盟（SIG）推出了低功耗蓝牙（BLE）技术，将其作为功耗最低的短距离无线通信标准。与经典蓝牙一样，BLE 也在具有 1Mbit/s 带宽的 2.4GHz ISM 频带下工作。BLE 采用了跳频技术来克服干扰和衰落，跳频带宽 79MHz，共 79 个射频信道，其符号传输速率为 lMbit/s；采用时分双工（TD）方案进行全双工通信；在信道上以分组的形式交换信息，每个分组在不同的跳频频率上传输，占用 1～5 个时隙，每个时隙长 625μs。

蓝牙协议将电路交换与分组交换相结合，可支持 1 个异步数据信道，最多 3 个同时同步话音信道，或 1 个同时支持异步数据和同步话音的信道。每个话音信道在每个方向支持 64kbit/s 比特传输串，异步信道支持最大 732.2kbit/s 的非对称比特传输率，或 433.9kbit/s 的对称比特传输率。

249　蓝牙 Mesh 技术有哪些特点?

（1）全球范围适用。蓝牙工作在 2.4GHz 的 ISM 频段，工作频率为 2.402～2.480MHz，这是一个无须向专门管理部门申请频率使用权的频段。

（2）便于使用。蓝牙技术的程序写在一个不超过 1cm^2 的微芯片中，并采用微微网与散射网络结构及快调频和短包技术。与其他工作在相同频段的系统相比，蓝牙跳频更快，数据包更短，这使蓝牙技术比其他系统都更稳定。

（3）抗干扰能力强。蓝牙的 BLE 技术把 2.402～2.480MHz 频段分为 79 个频点，相邻频点间隔 1MHz。在此基础上，设备在工作时使用不同的跳频序列，载波频率在不同的频点之间跳变，跳频速率为 1600 跳/s。目前的蓝牙产品通常采用扩展频谱跳频技术，能有效地减少同频干扰，提高通信的可靠性。

（4）低功耗。蓝牙设备在通信连接状态下，有激活模式、呼吸模式、保持模式及休眠模式 4 种工作模式。激活模式是正常的工作状态，另外 3 种模式是为了节能所规定的低功耗模式，从而能够在通信量减少或通信结束时实现超低的功耗。

（5）开放的接口标准。为促进蓝牙技术的推广，蓝牙技术联盟（SIG）将蓝牙的技术标准全部公开，使全球范围内任何单位与个人都能开发蓝牙产品，最终只要通过 SIG 的蓝牙产品兼容性测试，就可以推向市场。如此一来，SIG 就可以通过提供技术服务和出售芯片等业务获利，蓝牙应用程序也是可以得到大规模推广的。

（6）全双工通信和可靠性高。蓝牙技术采用时分双工通信，实现了全双工通信。采用 FSK 调制，CRC、FEC 和 ARQ，保证了通信的可靠性。

（7）网络特性好。由于蓝牙支持一点对一点及一点对多点通信，利用蓝牙设备也可方便地组成简单的网络（微微网）。

250　蓝牙 Mesh 协议标准版本有哪些?

2001—2021 年的 20 年间，蓝牙共发布 13 个版本，蓝牙历次版本的基本情况见表 6-4。近年来，随着物联和智能家居等应用的迅速发展以及短距离无线通信协议竞争的加剧，版本发布速度加快，重点适应物联网快速发展应用，以及低功耗方面的应用。

表 6-4 蓝牙历次版本的基本情况

蓝牙版本	发布时间	主 要 特 点
蓝牙 1.1	2001 年	第一个正式商用的版本，传输速率为 748~810kbit/s，易受同频产品干扰
蓝牙 1.2	2003 年	加入快速连接、自适应跳频等，解决了受干扰的问题。引入了流量控制和错误纠正机制，同步能力提高，实际传输速率约为 24kbit/s
蓝牙 2.0	2004 年	1.2 版本的改良提升版，实际传输速率提升到 1.8~2.1Mbit/s，支持双工模式，加入"非跳跃窄频通道"
蓝牙 2.1	2007 年	改善了配对流程，采用简易安全配置。加入 Sniff 省电降低了功耗。相对于 2.0 版本主要提高了待机时间 2 倍以上，技术标准没有根本变化
蓝牙 3.0	2009 年	采用了全新的交替射频技术，加入了 802.11 协议适配层、电源管理，并取消了 UMB 应用，数据传输速率提高到了大约 24Mbit/s，在传输速度上，蓝牙 3.0 是蓝牙 2.0 的 8 倍，支持视频传输，有效覆盖范围扩大到 10m
蓝牙 4.0	2010 年	设计低功耗物理层和链路层、AES 加密等，在电池续航时间、节能和设备种类上有重要改进，低功耗为其重要特点，包括传统的蓝牙技术、高速蓝牙和新的蓝牙低功耗技术 3 个子规范。传输速率为 24Mbit/s，有效覆盖范围扩大到 100m
蓝牙 4.1	2013 年	针对 LTE 做了针对性的优化，如果与 LTE 同时传输数据，蓝牙 4.1 可以自动协调两者的传输信息，从而实现无缝协作，以确保协同传输，降低近带干扰
蓝牙 4.2	2014 年	数据传输速度提高了 2.5 倍，数据包的容量相当于此前的 10 倍左右，改善了数据传输速率和隐私保护程度，可通过 IPv6 和 6LoWPAN 接入互联网
蓝牙 5.0	2016 年	相比蓝牙 4.2，传输速率提升 2 倍，为 24Mbit/s；有效工作距离可达 300m，是蓝牙 4.2 的 4 倍；采用更先进的蓝牙芯片，支持左右声道独立接收音频；优化了物联网（IoT）底层功能，力求以更低的功耗和更高的性能为智能家居服务
蓝牙 5.1	2019 年	加入了测向功能和厘米级的定位服务，使得室内的定位会变得更加精准，并且在小物体的位置上也能准确定位避免物品遗失

续表

蓝牙版本	发布时间	主 要 特 点
蓝牙 5.2	2020 年	新增了增强型 ATT 协议（EATT）、LE 功耗控制和 LE 同步信道 3 个功能，并提供了更快的配对功能，以及更长的电池寿命
蓝牙 5.3	2021 年	主要对低功耗蓝牙中的周期性广播、连接更新、频道分级进行了完善，进一步提高了通信效率、降低了功耗并提高了蓝牙设备的无线共存性

251　蓝牙 Mesh 组网方式有哪些?

蓝牙 Mesh 组网方式有微微网（Piconet）和散射网（Scatternet）两种。

（1）微微网（Piconet）。微微网（Piconet）是通过蓝牙技术以特定方式连接起来的一种微型网络。在微微网中，所有设备的级别是相同的，具有相同的权限，采用自组式方式组网。微微网由主设备（Master）单元和从设备（Slave）单元构成，主设备负责扫描设备并发起建立请求，在建立连接后称为主设备；从设备负责广播并接收连接请求的设备，在建立连接之后称为从设备。微微网包含 1 个主设备单元和最多 7 个从设备单元。一个微微网可以只是两台设备相互连接组成的网络，也可以由 8 台设备连在一起组成网络。蓝牙手机与蓝牙耳机的连接就是一个简单的微微网。在这个微微网中，智能手机作为主设备，蓝牙耳机充当从设备。一旦完成蓝牙网络连接，就可以使用蓝牙耳机了。此外，还可以在两部手机间利用蓝牙连接传输文件、照片等，进行无线数据传输。蓝牙微微网组网方式如图 6-6 所示。

（2）散射网（Scatternet）。由于一个微微网中的节点设备数目最多为 8 个，为扩大网络范围，多个微微网可以互联在一起，构成蓝牙散射网（Scatternet）。在散射网中，为防止各个微微网间的互相干扰，不同微微网间使用不同的跳频序列。所以，只要不同的微微网没有同时跳跃到同一频道上，各个微微网就可以同时占用 2.4GHz 频道传送数据，而不会成相互干扰。不同微微网之间的连接可以选择微微网中的一个从设备同时兼任桥节点来完成，也可以选择微微网中的主设备来担任它连接的另外一个微微网中从设备节点,这样,通过这些桥节点在不同时隙,不同的微微网之间的角色转换,即可实现微微网之间的信息传输及连接。散射网是自组网的一种特例,其最大特点是无基站支持,每个移动终端的地位是平等的,并可独立进行分组转发决策。其建网的灵活性、多跳性、拓扑结构动态变化和分布式控制等特点是构建散射网的基础。

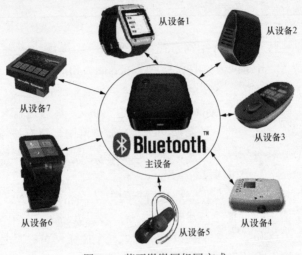

图 6-6 蓝牙微微网组网方式

第 7 节 Thread 网络协议

252 什么是 Thread 网络协议?

Thread 是一种低功耗、无集线器的无线网状网络协议,专为物联网而构建。与蓝牙和 Wi-Fi 类似,Thread 允许智能家居设备与互联网、应用程序彼此直接通信,中间无需任何网关。Thread 是一种基于 IEEE 802.15.4 标准进行构建,真正将目前互联网的基础技术及其优势带入物联网世界,可以说 Thread 是专为智能家居和商业物联网而构建的协议,解决了物联网的复杂性、互操作性、安全性、电源和架构要求等挑战。

借助网状网络技术，Thread 配件可在家中创建一个安全、强大、自我修复的无线网络。Thread 配件不是每台设备都直接与移动设备或 Wi-Fi 路由器通信，而是通过彼此中继命令和数据通信。Thread 配件在脱离网络时可以自动重新路由。

253 Thread 与其他无线技术相比有何特点?

（1）与蓝牙相比。Thread 与蓝牙相比具有几个显著的优势。Thread 解决了蓝牙的缓慢响应时间和可靠性差两个问题，通过 Thread 切换灯或智能插座几乎是即时的，而且范围更大，配件具有坚如磐石的可靠性。与蓝牙一样，Thread 也节能且易于通过本地连接进行设置，因此电池寿命长，整体响应时间约为 1.5s。

（2）与 Wi-Fi 相比。Wi-Fi 是大多数智能配件的首选标准，Thread 配件的响应时间与 Wi-Fi 基本相同，同样可靠，无需通过云中的随机服务器运行命令即可运行。Wi-Fi 能扩大家庭网络的范围，但使用 Thread 构建智能家居网状网络，可超出路由器的范围。与 Thread 相比，Wi-Fi 需要更多的功率，这意味着无线 Thread 设备的电池寿命更长。

（3）与 ZigBee 相比。ZigBee 需要中心网关，网关一般需要占据家庭路由器多余的一个网口，也会增加用户的成本。对于 Thread 而言，任何"永远在线"的 Thread 设备，如具有恒定电源的智能插座和灯泡，都可以作为所谓"网关"角色，Thread 标准将其称为"边界路由器"。边界路由器可以为后面入网的设备分配角色，以节省能源。最重要的是，无需网关即可组网运行，为开发人员节省了时间和金钱，并可以保证最终用户成本更低，耗电更少。

254 Thread 经典网络拓扑结构是什么样的?

Thread 是一种网状网络技术，因此 Thread 设备可以是路由设备或（休眠）终端设备。通常，Thread 网络中主电源供电的 Thread 设备（如灯泡）具有路由功能。这些具有路由功能的 Thread 设备不仅可以接收用于特定设备的数据，还可以传递用于其他设备的数据。这就产生了一个覆盖范围大的非常稳定的网络，而不需要额外的中继器将无线号转播到更远的设备。Thread 终端设备在网络上通常只能"按需"操作，如电灯开关。它们不会重新路由数据，可以是"休眠"设备以节省能源，只会在被激活并在使用后立即成为 Thread 网络的一部分。Thread 经典网络拓扑结构如图 6-7 所示。Thread 网络的基本部分包括网状网络和一对边界路由器和云。在图 6-7 的示例中，即使边界路由器之一发生故障，Thread 网络上的设备仍然可以相互通信，也可以与 Internet 通信。由此可见 Thread 的另一个重要功能是没有单点故障。

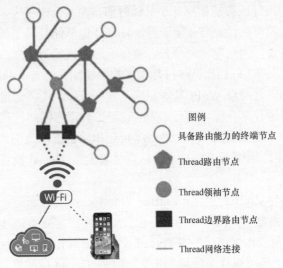

图 6-7 Thread 经典网络拓扑结构

图 6-7 中充当领袖节点或路由节点（不要与边界路由器混淆）的配件将命令和数据中继到网络上的其他 Thread 设备。节点或子设备仅限于更直接的任务，如在设定的时间间隔或发生触发事件时更新状态。领袖节点或路由节点包括"永远在线"的设备，如具有恒定电源的智能插座和灯泡。电池供电的设备（如运动传感器或温度传感器）通常用作节点或子设备以节省能源。

255 什么是边界路由器?

Thread 边界路由器是在用户的家庭网络或企业网络与 Thread

使用的 IEEE 802.15.4 无线标准之间形成链路的设备，它不需要转换数据包，因为 Thread 使用与互联网、家庭和楼宇网络相同的 IPv6 协议，使 Thread 边界路由器成为简单操作的设备。特别是在商业应用下，Thread 支持在同一网络上有多个边界路由器动态接管功能，因此不会出现单点故障。Thread 边界路由器功能可以内置到其他设备（如 Wi-Fi 接入点）中，或最常见的消费类应用，如内置到智能扬声器、智能显示器或电视机顶盒中。

256　Thread 适用哪些类型的配件？

与蓝牙一样，Thread 适用于低功耗智能配件。其中包括涵盖运动、温度、湿度或光线的传感器（电池供电或插电）。Thread 也适用于其他配件，如智能插座、电灯开关、门锁和灯泡。

由于智能摄像头和门铃需要更高的带宽来实时传输视频流或执行图像分析，因此 Thread 并不完全合适。智能摄像头和可视门铃目前很可能仅限于 Wi-Fi、以太网或专有无线通信。

第 8 节　Matter 协议

257　什么是 Matter 协议？

Matter 是一种新的智能家居互操作性应用层协议，它采用统一的 IP 互联网协议，用于构建和连接物联网生态系统。它是免费的，可在各种智能设备之间进行通信，此外，它还可以是一种规范，以确保基于此标准构建的项目可靠，安全并且能够协同工作。

Matter 为消费者提供了更高的兼容性，凡拥有 Matter 认证产品均可以协同工作，即使这些设备来自不同的生态系统，用户也可享受更加流畅的服务体验，如来自 Google、Alexa 语音助手或者是其他相关设备，它们都能与其他的认证设备无缝协作。

另外，Matter 是一种新的、开源的、安全的物联网设备连接协议，任何支持 IEEE 802.15.4 协议的设备通过软件更新都可以支持 Thread。同时它作为标准规范，还可帮助消费者了解所购买的物联网设备是否安全可靠，因为凡是通过 Matter 认证的物联网设备上均有统一的标志，消费者可轻易地从设备的标志上识别它，以便消除疑虑。

258　Matter 协议是如何产生和发展的?

2019 年 12 月 18 日，苹果、亚马孙和谷歌等几家制造商联合起来，打算创建一个智能家居通信标准来连接各种设备。该标准称为 IP 互联家庭项目（Project CHIP），旨在统一设备通信，以便智能产品更好地协同工作。

2021 年 5 月 11 日，ZigBee 联盟改名为连接标准联盟（Connectivity Standards Alliance，CSA），Project CHIP 项目改名为 Matter。与此同时，全新的 Matter 协议也宣布了第一个正式版本，它与 CHIP 的使命一致，将致力于构建一套基于 IP 网络构建以及打造连接物联网的生态系统。除了宣布正式名称外，Matter 还公布了一个新徽标，如图 6-8 所示，在 2021 年底开始在经过 Matter 认证的设备上使用该徽标。

图 6-8　Matter 徽标

2022 年 10 月 4 日 Matter 1.0 标准的技术规范正式发布，认证程序同步开放，这意味着相关企业在获得认证之后，便能第一时间开始销售支持 Matter 的设备。

259　Matter 协议对智能家居行业发展有哪些好处?

Matter 协议对智能家居行业发展的好处主要体现在用户与制造商两方面。

（1）用户方面。Matter 协议打破了不同生态系统和品牌之间普遍的互操作性，为用户选择智能家居品牌带来极大方便，不再受到品牌闭环生态的影响，彻底告别智能家居连接复杂的时代。如在选择一款灯具时，用户不再需要考虑生态匹配，他的选择决策变成了外观、亮度、性价比等其他的维度。即便是极端情况下，比如精装房用户，家中已经预装了某品牌智能家居系统，而用户因场景化需求，又配置一套不同的系统，此时因为 Matter 的存在，也能使一个硬件在两套系统中工作。概括来说就是任何品牌的任何 Matter 设备，都可以与用户自己选择的智能家居应用相匹配，Matter 结束了困扰行业发展、困扰用户体验已久的设备安装和配置过程。

（2）制造商方面。此前，一些智能家居设备制造商，为了能融入不同生态，可能需要针对不同生态做研发，即便是同一个产品，为了适应不同的生态连接，需要有两个乃至几个不同单元产品，有的甚至还会面临"二选一"的问题，融入了 A 的生态圈就无法进入 B 的生态圈。在 Matter 驱动下，使得制造商们化繁为简，只需一个支持 Matter 的单品就能融入其他所有生态之中，在打破生态系统之间的壁垒，创造更流畅的用户体验之时，也将大大加速智能家居的普及。总的来说，Matter 协议最受益的肯定是用户，而对于品牌制造商来说，虽然一定程度地节省了成本，但是 Matter 的落地在为所有品牌提供了公平竞争环境的同时，也使差异化变得困难，如何在 Matter 时代脱颖而出又成了一个新问题。

260　主流无线通信协议有哪些？它们各有哪些特点？

智能家居的主流通信协议有 Wi-Fi、ZigBee 及蓝牙，不同协议标准下的家居产品之间无法建立高效连接。一方面，由于以上无线通信技术优劣势不尽相同，不同的连接协议各有其适用场景及应用产品；另一方面，技术原理存在差异，通信协议间不统一的问题存在日久。3 种主流无线通信技术优劣势见表 6-5。

表 6-5　　　　　　　　3 种主流无线通信协议优劣势

通信协议	频段	模组价格	优势	劣势
Wi-Fi	2.4GHz	6 元	连接速度快；通信距离远；手机标配 Wi-Fi 便于使用	功耗高；组网能力弱；连接不稳定
蓝牙	2.4GHz 5.0GHz	10 元以下	功耗低；连接速度快；手机标配蓝牙便于使用	连接距离短；组网能力弱
ZigBee	868MHz 915MHz 2.4GHz	约 20 元	开源；功耗低；自组网能力强；连接安全性高	需配合网关使用

261 目前国内有哪些智能家居品牌支持 Matter 协议?

为了解决智能家居主流的连接协议的互联互通问题,国内外的不少智能家居制造商早就着手新布局,通过无线协议与产品的迭代升级充分融合,促使智能家居实现跨场景联动。在国内厂商中,华为出现在 Matter 协议的首发名单中,并且成为 Matter 项目的主力成员。2021 年 8 月,乐鑫科技推出新型芯片产品,提供了 Matter 协议解决方案。2021 年 9 月 9 日,绿米(Aqara)亦宣布支持 Matter 协议,让 Aqara 的产品可以与全球支持 Matter 的设备互联互通,摆脱平台、系统的桎梏,实现不同品牌产品间的协同工作,为用户提供更丰富的全屋智能体验。

2022 年 6 月 6 日,苹果在 WWDC22 全球开发者大会宣布将全面支持 Matter,包括谷歌(Google)、亚马孙(Amazon)、飞利浦(Philips)、国内涂鸦(Tuya)、飞比(FBEE)、立达信(Leedarson)、欧瑞博(Orvibo)、绿米(Aqara)、生迪(Sengled)、酷宅科技(eWeLink)、Yeelight 等成为首批支持品牌;有 130 多种支持 Matter 的产品计划生产上市,未来会有更多支持 Matter 的生态平台和产品迅速加入。

2022 年 10 月 25 日苹果 HomePod 软件 16.1 正式版发布,支持 Matter 智能家居连接标准;三星宣布推出 Matter 功能,允许用户通过 SmartThings 应用程序实现无缝的设备控制。Aqara 绿米是三星首批支持 Matter 协议的合作品牌,用户只需将 Aqara 网关 M1S 或网关 M2 进行固件升级,而无需购买新设备,就可让网关和子设备支持 Matter 平台,体验真正的万物互联。

第7章

智能照明系统安装与调试

第1节　无主灯智能照明基础知识

262　照明与光有什么关系?

照明是指利用各种光源照亮工作和生活场所或个别物体的措施。利用太阳和天空光的称"天然采光";利用人工光源的称"人工照明",常说的电气照明就是一种人工照明。照明的首要目的是创造良好的可见度和舒适愉快的环境。照明方式可分为一般照明、重点照明、局部照明及装饰照明。与电气照明相关的光学概念有亮度、光通量、光照强度、眩光等。

人们对于照明的要求主要有以下3点:①功能性要求,即满足最基本的照明要求;②装饰性要求,要求美观;③生理健康和心理健康要求。对于生理健康和心理健康要求,首先需要照明光谱均衡,因为人类的健康标准是基于在太阳光环境下形成的,所以越接近太阳光谱值越健康。

263　什么是无主灯照明?

无主灯照明是指室内空间不再依赖传统的吸顶灯、吊灯、落地灯等"主灯"照明,而是通过多个不同的光源,如射灯、格栅灯、泛光灯、吊线灯、筒射灯、线条灯等的组合搭配,达到视觉上的延伸,营造家居的光影氛围,让整个空间看起来不再单一,更有层次感,更具格调,营造舒适、愉悦、温馨、慵懒的光线场景,让人居家时光变得更为轻松美妙。

173

如客厅、餐厅、卧室采用无主灯照明，打破了全部是单一的基础照明灯具（即主要灯具）布局，让居家的光线层次变得更为丰富，该亮的地方要亮，该暗的地方要暗，该暖的地方要暖，该冷的地方要冷。客厅无主灯照明示意如图 7-1 所示。

图 7-1　客厅无主灯照明示意图

264　无主灯照明的优点有哪些?

（1）无主灯照明与传统的大体积灯具相比，最大的特点就是简洁，满足个性化需求。用户将筒灯、射灯等安装在希望照亮的部位，以精准的方式突出重点照明物件，更细腻地呈现出符合个性需求的灯光氛围，满足各种生活情景，带来丰富的空间体验。

（2）无主灯照明的光源大多都是通过隐藏的方式安装，把筒射灯和灯带都嵌进背景墙或者天花上，通过间接出光的方式，让光线照到墙上反射出来，这样的照明效果更加温馨有层次。

（3）无主灯照明的光源使用的是 LED 光源，工作电压低、功率小、效率高，相对传统 220V 电压的主灯而言安全性更高。

（4）光照均匀，更有层次感。无主灯照明的光照范围宽，照明效果好，光线柔和，呵护眼睛健康。采用防眩光、防刺激、无频闪、高显色、高光通量的灯具，提供健康舒适照明。

（5）光源显色性好。无主灯照明采用多个点光源照明空间，色彩饱和度高，能充分还原并展现物体颜色和细节，轻松营造出空间张力。

（6）空间视觉丰富。采用不同光源组合可让空间视觉得到延伸，营造舒适的家居氛围，还可以提高空间层次感。

265　智能照明控制系统由哪些部分组成？

智能照明控制系统是智能照明的一个重要组成部分，该系统是根据家居不同区域的功能、每天不同的时间、室内光亮度或该区域的用途来自动控制照明。智能照明控制系统由输入单元、输出驱动、系统单元及智能网关 4 部分组成，如图 7-2 所示。

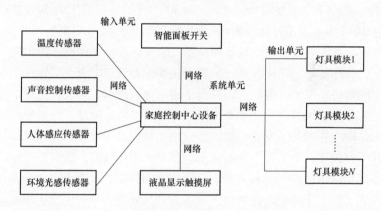

图 7-2　智能照明控制系统组成

（1）输入单元。输入单元主要包括输入控制开关（场景开关）、液晶显示触摸屏及智能传感器等，它们采集室内光照及环境等参数，或是控制信号并转变为网络传输信号，通过无线或系统总线上传到家庭控制中心设备。

（2）输出驱动。输出单元包括智能继电器、智能调光模块等，它们接收家庭控制中心设备发出的相关指令，并按照指令对各种灯具做出相应的控制动作，如开关灯、调光、调色温等。

（3）系统单元。系统单元包括系统电源、系统时钟、网络通信线，为系统提供弱电电源和控制信号载波，维持系统正常工作。

（4）智能网关。智能网关接收输入单元的信息，然后经过处理发出相应的指令送到输出驱动单元，全屋智能家居均有一台智能网关或智能控制中心设备。

第2节　智能照明施工的技术要求

266　智能照明相关国家和行业标准有哪些?

智能照明设计主要有以下的国家和行业相关标准参考。

(1)《民用建筑电气设计标准(共二册)》GB 51348—2019。

(2)《建筑照明设计标准》(GB 50034—2013)。GB 50034—2013自2014年6月1日起实施,共分7章2个附录,主要内容包括总则、术语、基本规定、照明数量和质量、照明标准值、照明节能、照明配电及控制等。该标准修订的主要技术内容是:①修改了原标准规定的照明功率密度限值;②补充了图书馆、博览、会展、交通、金融等公共建筑的照明功率密度限值;③更严格地限制了白炽灯的使用范围;④增加了发光二极管灯应用于室内照明的技术要求;⑤补充了科技馆、美术馆、金融建筑、宿舍、老年住宅、公寓等场所的照明标准值;⑥补充和完善了照明节能的控制技术要求;⑦补充和完善了眩光评价的方法和范围;⑧对公共建筑的名称进行了规范统一。GB 50034—2013中以黑体字标志的条文为强制性条文,必须严格执行,尤其对住宅建筑照明的房间照度标准值与高度光进行了明确规定,并规定当选用发光二极管光源时,长期工作或停留的房间或场所,色温为4000~4500K。住宅建筑照明标准值见表7-1。

表 7-1　　　　　　　　　　住宅建筑照明标准值

房间或场所		参考平面及其高度	照度标准值/lx	Ra
起居室	一般活动	0.75m 水平面	100	90
	书写、阅读		300*	
卧室	一般活动	0.75m 水平面	75	90
	床头、阅读		150*	
餐厅		0.75m 餐桌面	150	90
厨房	一般活动	0.75m 水平面	100	90
	操作台	0.75m 台面	150*	

续表

房间或场所	参考平面及其高度	照度标准值/lx	Ra
卫生间	0.75 水平面	100	80
电梯前厅	地面	75	70
走道、楼梯间	地面	50	70
车库	地面	30	70

* 指混合照明照度。

（3）《住宅建筑电气设计规范》（JGJ 242—2011）JGJ 242—2011 是国家行业标准，于 2012 年 4 月 1 日施行。该规范的相关内容摘录如下。

1）住宅户内配电箱位置的选择。箱底距离地面不应低于 1.6m，这是为了避免儿童的误触碰；应放在一进门的地方，方便后期维护时，维修人员无需进入房间太深，就可对配电箱做对应的操作，若放在卧室里面，则后期维修人员进入卧室进行操作很不方便。

2）电气照明。住宅建筑的照明应选用节能光源、节能附件，灯具应选用绿色环保材料；住宅建筑电气照明的设计应符合国家现行标准的有关规定。住宅建筑每户照明功率密度限值见表 7-2。

表 7-2　　　　　住宅建筑每户照明功率密度限值

房间或场所	照度标准值/lx	照明功率密度限值/（W/m²）	
		现行值	目标值
起居室	100		
卧室	75		
餐厅	150	≤6.0	≤5.0
厨房	100		
卫生间	100		
职工宿舍	100	≤4.0	≤3.5
车库	30	≤2.0	1

（4）《建筑电气与智能化通用规范》（GB 55024—2022）。GB

55024—2022 自 2022 年 10 月 1 日起实施，GB 55024—2022 为强制性工程建设规范，全部条文必须严格执行，现行工程建设标准中有关规定与 GB 55024—2022 不一致的，以 GB 55024—2022 的规定为准。

（5）《建筑电气工程施工质量验收规范》（GB 50303—2015）。GB 50303—2015 是含有强制性条文的强制性标准，是以保证工程安全、使用功能、人体健康、环境效益和公众利益为重点，对建筑电气工程施工质量作出控制和验收的规定，同时也适当地规定了少许外观质量要求的条款。GB 50303—2015 于 2015 年 12 月 3 日发布，2016 年 8 月 1 日实施。

（6）《灯具　第 1 部分：一般要求与试验》（GB 7000.1—2015）。随着 LED 技术的持续发展，很多 LED 产品逐渐替代了使用传统光源产品的市场。GB 7000.1—2015 于 2015.12.31 发布，于 2017.1.1 正式实施，该标准增加了许多适应 LED 灯具的要求，这对我国 LED 灯具产品的认证检测、国际互认起到了很大的作用。GB 7000.1—2015 中重要的一项是增加了对蓝光危害的要求，如对带有整体式 LED 或 LED 模块的灯具应根据 IEC/TR 62778 进行蓝光危害评估；对于儿童用可移式灯具和小夜灯，在 200mm 距离处测得的蓝光危害等级不得超过 RG1；对于可移式灯具和手提灯，如果在 200mm 距离处测得的蓝光危害等级超过 RG1，则需要在灯具外部醒目位置标注"不要盯着光源看"的符号；对于固定式灯具，如果在 200mm 距离处测得的蓝光危害等级超过 RG1，则需要通过试验确定灯具刚好处在 RG1 时的临界距离。根据标准 IEC 62471，蓝光危害主要是指 300~700nm 之间的光辐射所引起的光化学反应，从而导致视网膜损伤的危害。由于 LED 产品中蓝光成分较为丰富，而且裸露的 LED 光源亮度往往很高，因此 LED 灯具可能存在蓝光危害的风险隐患。

267　照明线缆选择有哪些要求？

GB/T 16895.6—2014《低压电气装置　第 5-52 部分：电气设备的选择和安装　布线系统》中导体及线缆选择条文说明摘录如下：

（1）任何导体所承载的负荷电流在正常持续运行中产生的温度不应超过导体绝缘材料的温度限值。如绝缘材料为聚氯乙烯（PVC）热塑型导线，导体温度限值为 70℃；绝缘材料为交联氯乙烯（XLPE）或乙丙橡胶（EPR）热固型导线，导体温度限值为 90K。

（2）载流量值可由 IEC 60287 系列标准计算得出，或经由试验得出，或由一个公认方法计算得出。必要时应考虑负荷的性质，对埋地电缆还应考虑土壤的实际热阻。

（3）出于机械强度原因的考虑，交流回路的相导体和直流回路中带电导体的截面不应小于表 7-3 给定的值。

表 7-3　　　　　　　　　导体的最小截面积

布线系统型式		回路用途	导体	
			材质	截面/mm²
固定敷设	电缆和绝缘导线	电力和照明回路	铜	1.5
			铝	与电缆标准 IEC 60228 相同（10mm²）[1]
		信号和控制回路	铜	0.5[2]
	裸导体	电力回路	铜	10
			铝	16
		信号和控制回路	铜	4
软导体及电缆的连接		用于特定的用电器具	铜	按有关 IEC 标准规定
		任何其他用途		0.75*
		用于特殊用途的特低压回路[3]		0.75

[1]　用于铝导体的终端连接宜经过测试和认可此种特定用途。
[2]　用于电子设备的信号和控制回路，可允许 0.1mm² 为最小截面。
[3]　特低压（ELV）照明的特殊要求参见 IEC 60364-7-715。
*　多芯软电缆若包含 7 芯及以上，可适用注[2]。

（4）中性导体的截面。当无明确规定时可遵循以下规定：

1）在以下情况下，中性导体至少应和相导体具有相同的截面：

（a）单相两线制线路。

（b）相导体截面小于或等于 16mm²（铜导体）或 25mm²（铝导

体）的多相回路。

（c）可能带有 3 及 3 的奇数倍次谐波电流，其总谐波畸变率介于 15%～33%的三相回路。

2）当相电流中的总谐波畸变率（包括 3 及 3 的奇数倍次谐波）高于 33%时，应增大中性导体截面。

3）在多相回路中，每一相导体截面大于 16mm^2（铜）或 25mm^2（铝）且满足以下全部条件，中性导体截面可小于相导体截面。

（a）在正常工作时，负荷分配较均衡且谐波电流（包括 3 及 3 的奇数倍次谐波）不超过相电流的 15%（注：一般说来，中性导体截面的减少值不超过相导体截面的 50%）。

（b）中性导体按 IEC 60364-4-43：2008 中 431.2 规定进行过电流保护。

（c）中性导体截面不小于 16mm^2（铜）或 25mm^2（铝）。

268　导管暗敷设有哪些要求？

《住宅建筑电气设计规范》（JGJ 242—2011）配电线路中对导管暗敷设要求如下。

（1）住宅建筑套内配电线路布线可采用金属导管或塑料导管。暗敷的金属导管管壁厚度不应小于 1.5mm，暗敷的塑料导管管壁厚度不应小于 2.0mm。塑料导管管壁厚度不应小于 2.0mm 是因为聚氯乙烯硬质电线管 PC20 及以上的管材壁厚大于或等于 2.1mm，聚氯乙烯半硬质电线管 FPC 壁厚均大于或等于 2.0mm。

（2）潮湿地区的住宅建筑及住宅建筑内的潮湿场所，配电线路布线宜采用管壁厚度不小于 2.0mm 的塑料导管或金属导管。明敷的金属导管应做防腐、防潮处理。

（3）导管暗敷设外护层厚度：①楼板内不应大于楼板厚度的 1/3；②垫层内不应大于垫层厚度的 1/2；③外护层厚度不应小于 15mm。外护层厚度为线缆保护导管外侧与建筑物、构筑物表面的距离。

（4）当电源线缆导管与采暖热水管同层敷设时，电源线缆导管宜敷设在采暖热水管的下面，并不应与采暖热水管平行敷设，电源线缆与采暖热水管相交处不应有接头。

（5）与卫生间无关的线缆导管不得进入和穿过卫生间。装有浴盆或淋浴的卫生间，按离水源从近到远的距离，分为 0、1、2、3 共 4 个区，如图 7-3 所示。卫生间的线缆导管不应敷设在 0、1 区内，并不宜敷设在 2 区内。

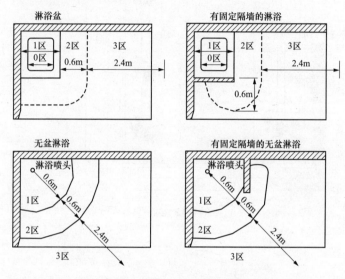

图 7-3　淋浴场所的区域划分

269　客厅照明设计有哪些要求?

客厅往往是日常生活中使用最为频繁的一个空间，也是聚会聊天，玩乐会客的首选区域。客厅照明设计要求灯光明亮温馨，通常以中性光为主，色温在 4000～4500K 范围。可使用间接照明，将 LED 磁吸泛光灯、格栅灯、射灯、筒灯、灯带、落地灯、台灯等进行组合，从而共同渲染出一个柔和、明亮、温馨有层次的客厅。配套的物件有磁吸轨道条、水平转角、内置电源等。

考虑到客厅的多功能性，客厅照明设计用多路灯具控制的方式来满足各个不同区域的具体需求。如用灯槽照明的间接光作为整体照明，视听区域以及茶几区域用射灯重点突出，再辅以柜体照明、过道照明，共同组成客厅空间的照明系统。客厅无主灯照明设计如图 7-4 所示。

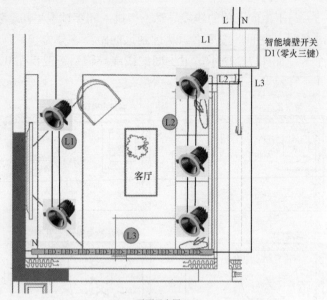

平面示意图

效果图

图 7-4 客厅无主灯照明设计

270 卧室照明设计有哪些要求?

卧室是休息放松的地方,灯光要满足温馨私密的特点,不宜过亮,能够营造出放松的气氛,选暖光为宜,色温控制在 2700~3000K。可选用筒灯或低功率、低照度灯带来满足基本的照明需求,再配合一些台灯,小夜灯、落地灯或氛围灯,让整个空间的光环境更有层次场景,卧室无主灯照明设计如图 7-5 所示。

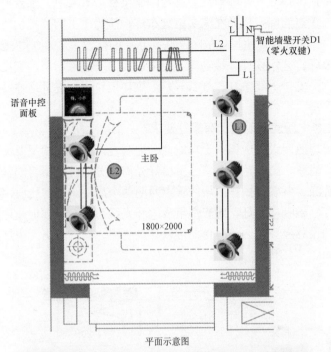

L2
智能墙壁开关D1
（零火双键）
L1

语音中控
面板

L1

主卧

L2

1800×2000

平面示意图

效果图

图 7-5 卧室无主灯照明设计

卧室照明设计分为基础照明、重点照明和氛围照明。卧室中做基础照明，一般会采用筒灯，其光线均匀柔和，能让整个环境变得温馨舒适；很多人在睡前，会喜欢刷刷手机或看看书，那就得安排上局部重点照明，比如在床头柜处布灯，能为床上阅读提供所需的光亮；有的人在卧室里安放了一些高品质的摆设，比如画作、雕塑、陶瓷公仔、艺术摆件、植物等，也可以应用上重点照明，突出这些被照物；安排上线条灯、灯带等，渲染环境氛围，提升居住品质。

271 厨房照明设计有哪些要求?

厨房照明设计应偏向于功能性和便利性，既要实用又要美观、明亮、清新，给人整洁之感。厨房灯光需要分成整个厨房的基本照明和洗涤、备餐、操作区域的重点照明两个层次。厨房一般由磁吸泛光灯、磁吸格栅灯、感应灯组成柔和光线为主，在橱柜或佐料柜下面加设感应灯，切菜时台面可以立刻变得光亮。厨房无主灯照明设计如图 7-6 所示。

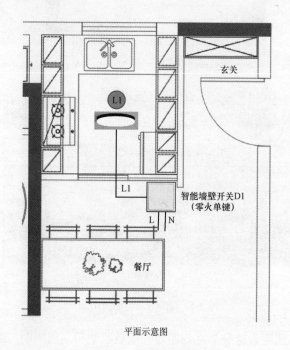

平面示意图

图 7-6 厨房无主灯照明设计（一）

效果图

图 7-6　厨房无主灯照明设计（二）

272　餐厅照明设计有哪些要求?

餐厅的照明,要求色调柔和、宁静,有足够的亮度,不但使家人能够清楚地看到食物,吃饭和交谈轻松自如。餐厅照明的核心是餐桌,其他光源应服务于餐桌。餐厅的光线要柔和温馨,一般宜用装饰小型吊灯悬挂在餐桌上方(注意不是餐厅吊顶中间,设计时应先确认好餐桌的位置)作为主要照明,再搭配一些射灯点光源做辅助照明,让餐桌就餐时增加食欲。中餐色温值为 3000~4000K,烘焙食品为 2800~3000K。餐厅无主灯照明设计如图 7-7 所示。

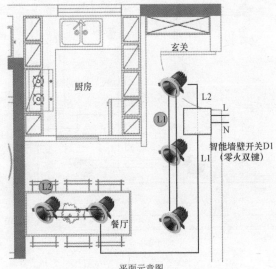

平面示意图

图 7-7　餐厅无主灯照明设计(一)

效果图

图 7-7　餐厅无主灯照明设计（二）

273　卫生间照明设计有哪些要求?

卫生间一般分为洗面台、淋浴区和马桶（坐厕）区，照明应以柔和的光线为主。照度要求不高，但光线需均匀。卫生间无主灯照明设计如图 7-8 所示。

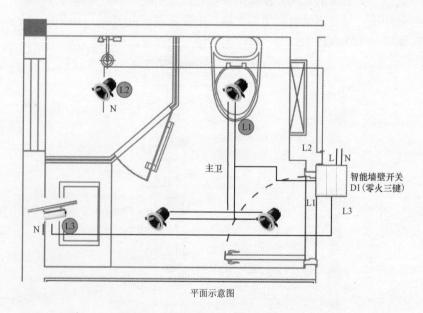

平面示意图

图 7-8　卫生间无主灯照明设计（一）

效果图

图 7-8　卫生间无主灯照明设计（二）

（1）洗面台。镜台上方吊顶处装一条灯带，采用 3000～3500K 柔光色温，实现氛围照明，柔和惬意。点线结合，灯光效果自带了一款美美的美容滤镜。

（2）淋浴区。每个壁龛上装上柔光灯带，同样是 3000～3500K 色温，氛围照明与基础照明一举两得，方便取物的同时营造了温暖的灯光氛围，使空间更有层次感，高级感十足。

（3）马桶。一个筒灯照亮，一旁的壁挂架上也用射灯打亮，简单的点缀，明暗层次感与立体感就出来了。

274　书房照明设计有哪些要求？

书房，顾名思义，是读书写字的居室，也是陶冶情操、修身养性的处所。从人的视觉功能和书房照明的要求来看，书房灯具的选择首先要以保护视力为基准。除了人的生理、健康和用眼卫生等因素外，必须使灯具的主要照射面与非主要照射面的照度比为 10:1 左右，这样才适合书房里人的视觉要求。另外，要使照度达到 150lx 以上，才能满足书写照明的需要。书房无主灯照明设计如图 7-9 所示。

随着电脑走入千家万户，显示屏需要良好的照明环境，首先要保证有足够的光线照亮键盘区；以避免屏幕上形成对比强光对眼睛造成刺激，最好打较弱的光线在屏幕上。台灯具有照度高、光源深藏、视觉舒适、移动灵活等特点，在电脑工作区域配置一盏精巧的台灯，能够取得理想的效果。

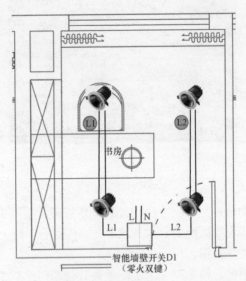

平面示意图

效果图

图 7-9 书房无主灯照明设计

275 智能照明的设计步骤是什么样的?

（1）了解用户的需求。由于用户的文化程度、人口数量、年龄结构、个人喜好的不同，对智能照明的需求也不尽相同，如用户对于玄关、客厅、卧室、走廊、厨房不同的功能空间有什么特别需求，对于整个空间的氛围及风格有什么诉求，整体预算费用为多少等。在设计中要能清晰地表达好用户的诉求信息，让智能照明的实现事半功倍。

（2）了解准备装修的房子的现状。目前大部分的精装修房屋仍然是有主灯设计，很多二手房或农村住宅甚至一个空间内只有一个灯位。如果用户想要装无主灯智能照明，必须先做灯光布局，重新做灯位、布电线。

（3）定制全屋智能灯光场景。智能照明可根据用户的家庭环境、生活习惯、家庭结构，定制最适合的个性化方案，依靠全宅物联网智能设备互联技术，可定制不同的回家模式、离家模式、休息模式、影院模式、睡眠模式、起床模式等场景，并可根据实际场景需求随时调整灯光的亮度与色温，还可以通过灯具与智能家居场景联动，实现开门即开灯、一键全开全关等智能场景，得到舒适、便捷的生活照明体验。

（4）规划色温。居家使用灯光的色温一般在 2500～5000K 之间，分暖黄光、暖白光、正白光 3 种。色温值越低，灯光越暖，色温值越高，灯光越冷。最常用的是暖白光（3000～4000K）。这个区间更接近自然光，不会太黄或者太白。

1）暖黄光适合用在房间，如客厅墙面是白色建议筒灯用暖色，暖色光照白色墙面，视觉会比较温和，作为辅助照明比较好。卧室是以休息为主，建议色温控制在 3000K 左右。

2）暖白光与白炽灯光色相近，色温在 4000K 左右，给人以温暖、健康、舒适的感觉，适用于卧室或者比较冷的地方。

3）正白光 6000K 左右，又称冷白光，灯光全白，略带蓝色，色偏冷色，有明亮的感觉，使人精力集中。适用于家居厨房或办公场所等。

（5）确定灯位。无主灯智能照明设计更多讲究的是灯位，根据不同的照明需求选择灯位的离墙距离，离墙太近会有曝光的光斑出现，太远又体现不出局部照明效果；而且还需要根据灯位离地高度选择瓦数，瓦数过大，亮度太强，会导致地面瓷砖有过亮的反光，影响视觉效果。一般明装射灯和嵌入式射灯建议的离墙距离是 20～40cm，轨道灯建议离墙距离 45cm 左右，另外关于嵌入式射灯也需要设计好射灯开孔距离。灯与灯之间的距离要根据现场和每个户型的情况来综合分析，先确定好两端射灯的位置再分配中间射灯的距离，一般射灯的间距是 80～200cm。

（6）选好灯具。灯具的选择主要包括确定灯具类型、功率、色温与显示指数。

276 怎样选择照明灯具?

（1）选择灯具类型。室内无主灯照明的灯具主要有筒灯、射灯、磁吸轨道灯和线性灯，挑选灯具的重点如下。

1）多种灯具色温搭配，不要只选择单一的一两种灯或者都用同一种色温，可以组合出不同生活场景下需要的灯光搭配。

2）一定要选极窄边框，除灯源部分外露出的部分越少才越简洁越好看；如客厅重点照明宜选择功率 5～7W，窄光束角（光束角在 20°～30°之间）的射灯。

3）一定要选防眩光，抬头不刺眼，见光不见灯才是精髓。显色指数一定大于 90，显色指数越高，对色彩还原度高，颜色才能真实。

（2）确定灯具功率。多少盏灯才够亮？应根据房间的大小来计算，如果以单一的灯源来计算的话，可以参考下面参数。客厅灯光可以按照 $3W/m^2$ 来做粗略计算，注重实操功能的厨房区可达到 $5W/m^2$，卧室泛照明＋局部重点照明，平均下来大约 $2W/m^2$ 就够了。如某家的客厅为 $20m^2$，客厅所需的 LED 总亮度约为 60W，$30m^2$ 则大概需要 90W。筒灯、射灯光源有不同瓦数，3～12W 较为普遍。不同亮度适合不同功能区，比如走廊过道适合 3W，泛照明光源 5W，重点照明区可以选择 7W。相比其他房间，卧室的亮度要求较低，按照 $1W/m^2$ 来估算，如果经常在床上玩手机看书，可再加一盏 5W 的床头灯。卫生间灯光按照 $1.7W/m^2$ 来估算，注意要选防水防潮的。厨房吊柜下的灯如果用的是灯带或灯管，那么每米用大约 5W 的功率就够了。

（3）选好灯具参数。

1）输入电压（V）。输入电压是指灯具正常工作的电压，分交流（AC）50Hz、220V 与直流（DC）24、12、9、6V 等。

2）功率（W）。功率是指灯具的标称功率，含驱动电源功率。功率是描述做功快慢的物理量，灯具的功率即指灯光在单位时间内所做的功的多少。如家用嵌入式射灯功率为 5～8W。明装射灯、轨道灯功率为 8～10W。

3）光效（lm/W）。光效是指光源发出的光通量除以光源所消耗的功率。它是衡量光源节能的重要指标。LED 灯具高效节能、低压驱动、超低功耗（单管 0.05W）的特点，发光功率转换接近 98% 以上，比传统节能照明灯具节能 60%～80%。

4）色温（K）。色温是表示光线中包含颜色成分的一个计量单位。色温通常用开尔文温度（K）来表示。无论是在大自然中，还是在家居环境中，不同的色温带给我们不同的心理感受。低色温的光偏黄色，高色温的光偏蓝色。因为黄色是暖色调，所以色温较低的光，应称为"较暖的光"。同样的道理，蓝色属于冷色调，所以高色温的光应该称为"较冷的光"。

5）显色性。显色性是指光源还原物体颜色的能力，光谱越全的光源，显色性就越好，照出的物体就越接近真实的颜色。它以 0～100 的范围内显色指数（CRI）来表达。太阳光的显色指数定义为 100，白炽灯的显色指数非常接近日光，认为是 98，被视为理想的基准光源。显色性在 90 以上就算得上是高品质灯具，能发出犹如清晨阳光般柔和舒适的亮光，减少视觉疲劳，能让视野更清晰，影像更立体。显色指数有 15 种颜色。R1 为淡灰红色；R2 为暗灰黄色；R3 为饱和黄绿色；R4 为中等黄绿色；R5 为淡蓝绿色；R6 为淡蓝色；R7 为淡紫蓝色；R8 为淡红紫色；R9 为饱和红色；R10 为饱和黄色；R11 为饱和绿色；R12 为饱和蓝色；R13 为白种人肤色；R14 为树叶绿；R15 为黄种人肤色。国际照明委员会（CIE）规定的第 1～8 种标准颜色样品显色指数的平均值，记为 Ra，表征此光源显色性。Ra 值大于 75 的光源为优质显色光源，越接近 100，显色性越好；Ra 值在 50～75 之间的光源，显色性一般；Ra 值小于 50 的光源，显色性差。

6）光束角。光束角是指垂直光束中心线的任意平面上，光强度等于 50%最大光强度的两个方向之间的夹角。光束角越大，中心光强越小，光斑越大。一般而言，窄光束是指光束角小于 20°；中等光束为光束角 20°～40°，宽光束则为光束角大于 40°。不同大小的光束角灯具可以发散出不同的灯光效果。

7）IP 防护等级。IP 防护等级的数字含义见表 2-6。

第 3 节　室内照明线路的敷设

277　室内照明线路由哪些部分组成？

室内照明线路是指室内接到用电器具的供电线路和控制线路，包括所有安装在室内的导线（或电缆）以及它们的支持物、固定和保护导线用的配件。

一般来说照明线路由 7 部分组成：①电能表；②断路器（漏电保护开关）；③连接导线；④剩余电流断路器；⑤照明灯具；⑥插座；⑦控制开关。

室内照明线路分为支线路和干线路，干线路为一根相线和中性线。支线路从干线路连接。使用并联的接线方式。家庭中通常有 5 种用电线路：①照明电路，用于家中的照明和装饰；②空调线路，电流大，需要单独控制；③厨房线路，电流大，防潮防水，需要单独控制；④卫生间线路，防潮防水，需要单独控制；⑤插座线路，用于家电供电使用。为了使这 5 种线路不互相影响，常将这 5 种线路分开安装布线，并根据需要来选择相应的断路器。住宅照明线路的输出回路如图 7-10 所示。

278　暗敷设室内照明线路要注意什么？

（1）在预埋电线管同时，在开关、插座、灯具的位置也要预埋接线盒，接线盒在预埋时必须安装牢固，不能倾斜或有其他缺陷，否则将直接影响开关、插座、灯具等的安装质量。

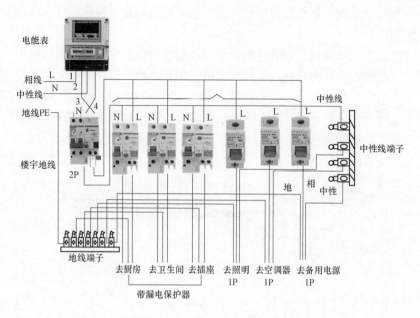

电能表

相线 L 1
中性线 N 2

3 4
N

地线PE

N 2P

楼宇地线

N L N L N L L L L

中性线

中性线端子

地 相
中性

地线端子

去厨房　去卫生间　去插座　去照明　去空调器　去备用电源
　　　　　　　　　　　　　　1P　　1P　　　1P

带漏电保护器

图 7-10　住宅照明线路的输出回路

（2）房屋装修暗敷布线施工的步骤是先在建筑面上确定开关、插座的位置，然后标划走向线；然后按走向线用电锤凿开管槽，以及按标定的接线盒埋穴位置进行凿打线盒埋穴，槽的深度符合《建筑电气施工质量验收规范》（GB 50303—2015）的规定，至少要达到电线保护管与墙砖面齐平。

（3）吊顶装修时要预放线管。吊顶装修时管道敷设可参考用PVC 阻燃电线管明装导线的施工工艺，电线管的连接、弯度、走向等参照暗装导线的敷设施工工艺，接线盒可使用暗盒。

（4）布线时要注意线径与管径的大小，一般管内的线径不能超过管径的 40%。这样有两个好处：①维修时抽线较为方便；②管内线径较小便于散热。

279　在线管中穿线的步骤是什么？

（1）先将一根钢线作为引线，也就是先穿引线，当管路比较长的时候，或者是在弯曲比较多的时候，可以用穿引线将电线引入管道内。

（2）接着进行扫管，也就是清除管内所有的障碍物，同时可用一些滑石粉放入管内，这样便于将导线穿入线管中。

（3）穿线。方法是在钢丝上套入一个塑料护口，钢丝尾端做一个环形套，然后将导线绝缘层剥去 5cm 左右，几根导线均穿入环形套，头弯回后用其中一根自缠绑扎，最后就可以将导线拉入管内了。导线头的缠绕绑扎方法如图 7-11 所示。

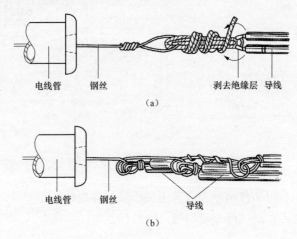

（a）

（b）

图 7-11　导线头的缠绕绑扎方法

（a）两根导线平齐穿线法；（b）多根导线错开绑扎法

280　管内穿线要注意什么？

（1）穿在管内的导线不允许有接头，导线的绝缘层千万不能够被损坏，导线在穿的时候也不能够被扭曲。

（2）三相或单相的交流单芯电缆，不得单独穿于钢导管内。

（3）不同回路、不同电压等级和交流与直流的电线，不应穿于同一导管内；同一交流回路的电线应穿于同一金属导管内。

（4）采用多相供电时，同一建筑物、构筑物的电线绝缘层颜色选择应一致，即保护地线（**PE** 线）应是黄绿相间色，中性线用淡蓝色，A 相线用黄色、B 相线用绿色、C 相线用红色。

281　怎样检验暗敷设线路的质量？

　　检验暗敷设线路的质量通常采用人工复查和复测的方法，如图 7-12 所示。如检验导线规格时，可在线路装置中所露线芯上进行复测；检验支持点是否牢固时，往往用手拉攀检查；检验明敷的线路，一般都通过检查导线的走向及连接位置来判断有否接错；检验暗敷的线路，一般通过检验线头标记或导线绝缘层色泽来判断接线是否正确。

图 7-12　检验暗敷设线路的质量

282　怎样检验线路的绝缘电阻？

　　绝缘电阻的检验可用绝缘电阻表（俗称摇表）测量。在单相线路中，需测量两线间的绝缘电阻（即相线和中性线），以及相线和大地之间的绝缘电阻；在三相四线制线路中，需分别测量四根导线中的每两线间的绝缘电阻，以及每根相线和大地之间的绝缘电阻。测量前，应卸下线路上的所有熔断器插盖（或熔断管），同时，凡已接在线路上的所有用电设备或器具也均需脱离（如卸下灯泡）。然后在每段线路熔断器的下接线柱上进行测量。绝缘电阻的测量如图 7-13 所示。

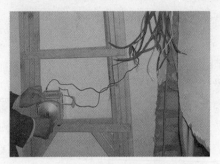

图 7-13　绝缘电阻的测量

第 4 节　常用灯具的安装

283　怎样安装筒灯?

筒灯是因为其形状似桶一样而得名,通常是一种嵌入式装饰灯具,具有很好的聚光性,如图 7-14 所示。按安装方式不同分为嵌入式筒灯与明装筒灯,嵌入式筒灯的底部都是用吊顶隐藏起来的,只露出小小的一个光点,明装筒灯如图 7-15 所示。

图 7-14　筒灯　　　　　　　　　图 7-15　明装筒灯

安装嵌入式筒灯主要有以下几个步骤。

(1)根据施工图纸,在吊顶上确定筒灯的安装位置。

(2)根据灯具实际尺寸,在吊顶安装位置开长方形孔或钻圆孔,注意圆孔直径大小应合适。

（3）将产品两端弹簧卡扣垂直，装入孔中。

（4）接线。将预留电源线与灯具自带的线连接，一般是红线或黄线与吊顶的相线连接，中性线与中性线连接，然后用绝缘胶布缠绕。

（5）调整底座。调整筒灯固定弹簧片上的蝶形螺母，让弹簧片的厚度与吊顶高度一致。

（6）安装灯泡。把筒灯推入吊顶开孔中，安装上合适的灯泡。

284　怎样安装射灯?

射灯是一种高度聚光的灯具，属于典型的无主灯。它的光线柔和，可直接照射在特定的器物上，以突出主观审美作用，达到重点突出、环境独特、层次丰富、气氛浓郁、缤纷多彩的艺术效果，主要是用于特殊的照明，如图 7-16 所示。

图 7-16　射灯的应用

射灯一般分为下照射灯与轨道射灯，安装射灯时，先要考虑灯架灯具的安装，然后再考虑配线的问题。安装完成后应进行试灯。射灯安装示意如图 7-17 所示，虚线表示电源相线和中性线，两个开关从一条电源线上取电，这样可实现两处控制。

285　安装射灯有哪些注意事项?

（1）预留射灯位置。由于射灯也有嵌入式安装，所以在前期一定要预留相关位置以及路线，让施工人员将天花板开好孔，适当地预留出射灯空槽，这样射灯才能顺利被安装。

（2）射灯连接。在安装射灯的空槽处安上底座，抽出电线，然后再固定螺丝，这样射灯就安装好了，不过在连接线头时，要做好绝缘处理。

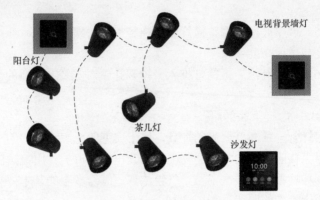

图 7-17　射灯安装示意

286　什么是磁吸轨道灯？

顾名思义，磁吸轨道灯由磁吸轨道和磁吸灯两部分构成，磁吸轨道条一般有嵌入式磁吸轨道条、预埋式磁吸轨道条、明装式磁吸轨道条等多种，能通过嵌入式、预埋式、明装式、置入式、吊装式等安装方式来实现。如果家中没有安装吊顶，可选择明装式或吊装式。磁吸轨道的型号分为 A 型与 B 型（带边导轨），每根 2m 长，可根据现场需求自由裁剪。磁吸轨道截面如图 7-18 所示。

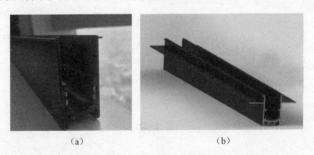

（a）　　　　　　　　　　（b）

图 7-18　磁吸轨道截面

（a）A 型；（b）B 型

磁吸灯同样有多种类型可选，包括磁吸筒灯、射灯、格栅灯、泛光灯、吊线灯等，还可随意自行搭配使用。灯具的样式决定光源的效果不同，适用于多种不同的场景需求，如图 7-19 所示。

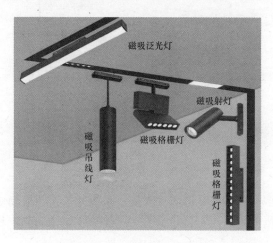

图 7-19　各种磁吸轨道灯

287　怎样安装磁吸轨道灯？

（1）明装。明装磁吸轨道灯如图 7-20 所示。下面以明装磁吸轨道 A 型轨道灯为例介绍磁吸轨道灯的安装步骤。

1）准备好安装配件。安装智能磁吸轨道灯的必要配件除磁吸轨道外，还有电源驱动模块、磁吸轨道吊线、磁吸轨道电源接线器、磁吸轨道平转角、磁吸轨道内转角、磁吸轨道外转角、磁吸轨道连接器（一字导电接头）、磁吸轨道 L 型接电器和轨道闭口器，可根据项目需求自由搭配选购。

2）把预留好的 220V 电源线（相线、中性线、地线）从出线孔伸出。

3）电源线与嵌入式电源线对接好后把接头装进轨道中，最后把多余的线藏回天花板内。

4）整理好线并把磁吸轨道固定在天花板上。

图 7-20　明装磁吸轨道灯

（2）嵌入式安装。嵌入式安装就是事先在天花板制作并固定好轨道槽（轨道槽的内空尺寸宽为 33mm、深为 50mm），其他步骤基本相同。

288　什么是灯带？怎样安装灯带？

灯带是指把 LED 组装在带状的 FPC 柔性线路板或 PCB 硬板上，因其产品形状像一条带子一样而得名，灯带也是一种线性灯。

LED 灯带的安装方法如下。

（1）计算所需的光带长度和重量，如扁四线灯带的重量约 0.25kg/m。

（2）长度确定后，在标记处剪断（灯带每米都有"剪刀"标记）灯带，如剪错或剪偏会导致一米灯带不亮。有的光带生产时标记可能会打偏，故在剪之前应注意仔细观察标记处位置，按中间没连接的地方剪断即可。

（3）每条灯带必须配一个专用插头（插头带专用变压器），连接时一定要将透明塑料盖板取下，接好试灯后再盖上。不可直接带盖连接，这样容易造成短路。

（4）安装时注意输入和输出端口，连接灯条时注意正负极的连接。红线为正极连线，黑色为负极连线。

（5）安装灯带可以多个电源与多条灯带连接，也可一个电源与多条灯带连接，如图 7-21 所示。如果要调整灯带的亮度与色温，就要加装调光驱动器，如图 7-22 所示。灯带安装时，一般放在灯槽里，摆直就可以了，也可以用细绳或细铁丝固定。

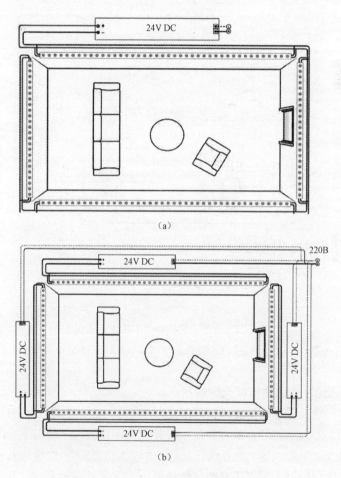

（a）

（b）

图 7-21　灯带安装示意图

（a）一个电源与多条灯带连接；（b）多个电源与多条灯带连接

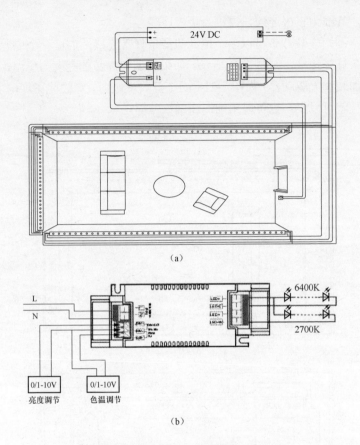

图 7-22　安装调光驱动器的接线示意图

（a）调光器只能调亮度；（b）调光器调亮度与调色温

289　什么是智能天窗灯？

　　智能天窗灯简称为天窗灯，又称青空灯，是一种模拟青空白云、仿照太阳天空的灯，或者说是一种看上去像是蓝天，照射下来的光线却像是阳光的灯，或者说它就是一个"人造太阳"，能营造蓝天白云、青空白日、明媚阳光的自然景象，让家里洒满阳光。

　　阳光是调节人体生物钟及内分泌的必要因素，对失眠、抑郁症等都有显著的改善作用。阳光作为自然元素的一种，满足人内心亲近自然的基本心理需求，可缓解紧张、压抑情绪，获得温暖、安全感。天窗灯可在室内营造阳光，把阳光带回家。安装好的天窗灯如图 7-23 所示。

图 7-23　安装好的天窗灯

290　怎样安装智能天窗灯？

智能天窗灯的安装有嵌入式和龙骨吊装式两种方式，下面介绍嵌入式的安装方法。

（1）安装前准备材料。白色结构胶水（譬如白色玻璃胶）1 瓶，龙骨切割机 1 台，两根实木木条（宽 80mm、厚 40mm、长 1200mm）和其他安装工具（螺钉旋具、胶带、干净擦拭布、记号笔、卷尺、六号自攻螺钉、封锁木条等）。

智能天窗灯的安装

（2）安装环境确认。吊顶空间预大于 22cm；天花开孔尺寸为 1160mm×585mm（开孔内部需要保持中空，避免有其他设备或者墙体干扰）；天花吊顶的承重要大于 80kg（如果天花吊顶的承重不足以支撑产品，则必须借助其他的天花内部吊顶结构进行加强以增加承重，不能在承重不够的天花上安装产品）。

（3）开孔。注意开孔长边与相邻墙壁平行；可以使用开孔定位板和记号笔做定位，如图 7-24 所示。开孔时要注意避免灰尘掉到设备中。

开孔定好位后，先在四角用电钻钻 4 个孔，然后龙骨切割机切割天花板，如图 7-25 所示，开好的安装孔如图 7-26 所示。

图 7-24　使用开孔定位板和记号笔做定位

图 7-25　使用龙骨切割机开孔

图 7-26　开好的孔

（4）安装。

1）安装前先将自备的两根实木木条固定在开好的孔的两端，如图 7-27 所示。

2）取出设备时，宜将产品出光面放在桌面上；根据实际情况撬开一个接线盖上预留的孔位；把配件包放在接线盖内部；取下底部天线端的胶塞，把天线拧紧在天线底座上，如图 7-28 所示。

图 7-27　固定两根实木木条

图 7-28　把天线拧紧在天线底座上

3）安装灯体。安装时注意灯体贴纸的箭头需指向靠近的墙壁，注意 8 个螺钉拧紧后，螺钉的头部不能高于定位板的外平面，否则会影响盖板的安装，安装灯体如图 7-29 所示。锁好螺钉后切勿用手触摸腔体内部，避免灰尘沾附着在内部影响出光。

灯体上贴纸的箭头如图 7-30 所示。

图 7-29　安装灯体

4）接好电源线。智能天窗灯接线如图 7-30 所示。接线前要关断电源，棕色线接相线 L、蓝色线接中性线 N、黄绿色接地线 E，接好线后要用绝缘胶布缠接头，做好绝缘处理，如图 7-30、图 7-31 所示。

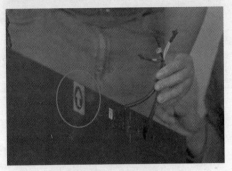

图 7-30　做好接头绝缘处理

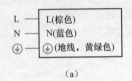

（a）

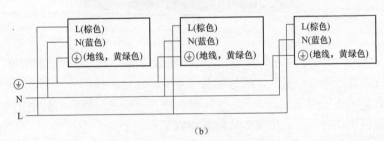

（b）

图 7-31　智能天窗灯接线

（a）单机；（b）多机

5）安装盖板。面盖与灯体用磁吸的方式固定，注意在安装过程中手指不要伸到面盖与灯体之间，避免夹伤手指。盖板安装好后应检查安装质量，即检查 4 个定位板是否完全隐藏在面盖的 4 个角折边内，如图 7-32 所示。

6）在确认面盖与灯体吸合到位后，撕掉透光板上的内面保护膜，操作过程中切勿用手触摸到透光板表面，避免影响出光效果。

然后通电试灯，如图 7-33 所示。

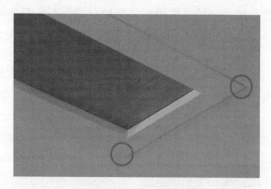

图 7-32　检验安装质量

图 7-33　通电试灯

7）通电试灯正常后，在灯的面盖板与天花板之间段差位置填充白色结构胶水（玻璃胶），可以稳固面盖并让面盖跟天花板更融合，如图 7-34 所示。至此安装结束。

图 7-34　填充白色结构胶水（玻璃胶）

291 什么是智能感应灯？怎样安装智能感应灯？

智能感应灯是一种通过传感器模块自动控制光源点亮的一种新型照明产品。选用 LED 作为间歇性照明光源，具有开关寿命长、反应速度快、光效高、体积小、易于控制的特点。传感器模块又称感应探头，当人不离开且在活动时，灯内开关持续导通；人离开后，开关延时自动关闭负载，可做到人到灯亮，人离灯熄，亲切方便，安全节能。

感应模块一般分为红外感应模块与微波雷达感应模块，与红外感应模块相比较，微波雷达感应模块感应的距离远，角度广，无死区，不受环境温度、灰尘等影响。

智能感应灯的安装方式有吸顶安装和墙壁安装两种。这两种安装方式的感应区域是不一样的，吸顶安装面朝下感应，墙壁安装正面感应，感应距离一般为 5～8m。吸顶安装的感应区域如图 7-35 所示。

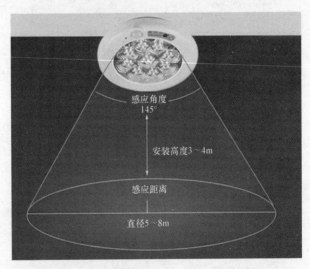

感应角度
145°

安装高度3～4m

感应距离

直径5～8m

图 7-35 吸顶安装的感应区域示意图

安装之前需要关闭电源，不带电操作，保证接线人员的安全。然后在安装位置布置好电源线，通过底盘把感应灯固定在所需要安装的地方，接着将电源线中的一根相线和感应灯的相线连接在一起，感应灯的另外一根线要接上中性线，之后把灯泡和盖子安装好。

　　另外还有一种多功能的小夜灯，采用自动双感应（光传感器与人体红外线感应器），天亮的时候关闭，天黑则自动打开照明识别，当人经过后，灯光会延时 30s 后自动关闭。小夜灯还能通过智能手机的 App 进行调控，可以调节灯光的亮度，也可以更改灯光运行的时间，安装也很方便，只要插到电源插座里即可。小夜灯的感应距离一般为 5m，覆盖范围 120°，其感应区域如图 7-36 所示。

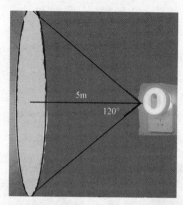

图 7-36　小夜灯感应区域示意图

第 5 节　智能开关、插座的安装与设置

292　什么是智能开关面板？它分为哪几种？

　　智能开关面板简称智能开关，它采用高灵敏触摸按钮，在联网情况下，支持手机 App 远程控制、定时控制、情景控制和语音控制，支持单相（火）线取电技术。面板内置 LED 灯，可以显示时间和天气；还装有人体传感器，当面板不使用时，面板指示灯灭，节约能源；当有人靠近时自动亮起指示灯。面板还会实时更新显示时间和天气。当用手指触碰面板时，即可控制开/关灯，或进行场景更换，也可以使用手机进行远程控制开/关灯。

按控制原理不同，智能开关分零火版智能开关与单火版智能开关；按控制方式不同，智能开关分按键开关（又分单键、双键、三键、四键）与触摸屏开关（又分网关型、不带网关型、内置智能传感器的不同）。

触摸屏开关利用传感技术，实现人走熄屏、人来屏亮的智能节能运行模式。触摸屏开关提供天气、时间、环境数据的显示，提供智能语音控制、家庭其他智能设备控制（开关、智能灯、智能窗帘、智能电器等），可选择显示主题模板，根据老人或小孩的使用习惯按需配置，适配各类生活场景需求。

Aqara 智能场景面板开关 S1 是一款科技与艺术的融合之作，正面和边框均采用了黑色磨砂设计，质感较好，它的尺寸和一般的开关尺寸一样，为 86mm×86mm×43.7mm，采用的是 ZigBee 3.0 通信协议，配有 3.95 英寸多彩 IPS 显示屏的智能面板，具有设备控制、场景控制和远程控制等多项功能，如图 7-37（a）所示。

（a）　　　　　　　　　　（b）

图 7-37　Aqara 智能场景面板开关 S1

（a）彩色屏；（b）接线柱

Aqara 智能场景面板开关背面是凸起的元器件部分（灰色），共有 5 根接线柱，从左到右分别是 N（中性线）、L（相线）、L3、L2、L1，如图 7-37（b）所示。从接线柱上可以看出两点：①可以实现三路控制，负载功率共 2200W；②需要接中性线，这点非常重要，因有的接线盒里没预留中性线。

智能场景面板开关 S1 内置有光感红外二合一传感器，当人体靠近面板时，显示屏会自动唤醒，同时可根据环境亮度自动调节指示灯光亮度与色温，还能实时显示日期时间、天气、空气质量、温度等信息。此外还支持控制空调，灯光和窗帘等多个设备的自动化场景联动。用户可通过手机 App 自定义专属智能场景，定义后在智能场景面板开关 S1 上就能实现面板上一键控制家庭多种 Aqara 设备。如轻触回家模式，便能让灯光开启、拉起窗帘、空调启动；离家时一键启动安防模式，摄像头、人体传感器和门窗传感器自动进入布防状态，实时监测家中情况。

智能场景面板开关 S1 已接入 Apple HomeKit，可用 iPhone、iPad、AppleWatch、HomePod 内置的 Siri，语音控制家中灯光和场景。同时，还支持 AI 手势方向识别，挥手即可实现向左、向右翻页。

智能场景面板开关 S1 采用强弱电分离的模块化设计，维护方便，塑料面板采用 V-0 级阻燃材料，耐高温，安全可靠，支持过温过载保护，当面板外接负载功率超过额定功率时，面板自动断电，保护设备安全。

293　什么是零火版智能开关？

传统开关一般都是接在相（火）线上的，而智能开关比传统开关多了一个控制芯片，借此可以通过网关与其他智能产品进行联动，但是一旦开关切断电源，芯片就失去供电，从而导致智能开关与网关处于失联状态，所以一般的解决方法是在开关接入相（火）线的基础上再接入一条中性线，用以维持开关与网关的联系，这也就是所谓的零火版智能开关，如图 7-38 所示。绿米智能墙壁开关 H1 Pro 即属零火版。

灯光智能化有两种情况，一种是只能控制灯的开和关，另一种是还能调节灯的亮度和色温。如果对灯光的要求比较高，比如说无主灯照明，希望灯光有明暗冷暖等模式调控的，宜采用零火版智能开关，这样就能根据不同的场景去调节灯光状态，比如把卧室的灯光色温调暗一些，这样半夜起床再也

零火版智能墙壁
开关的安装

不怕灯光刺眼了。但这种方案的缺点是开关需要一直保持开启状态，如果开关关闭了，那么智能灯就处于离线状态了，语音和手机都无法控制。

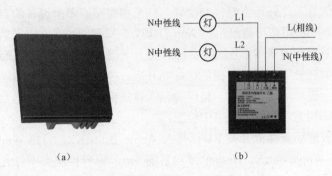

图 7-38 零火版智能开关（绿米 H1 Pro）

（a）实物图；（b）接线图

294 什么是单火版智能开关?

单火版智能墙壁
开关的安装

除了零火版智能开关，还有一种单火版智能开关，它与零火版智能开关不一样的是开关里多了一个可变电阻，这种智能开关在关灯后会切换到最大电阻上，从而接近一个断电的状态，然后通过电阻和负载（灯具）给控制芯片串联供电，以维持智能开关与网关的连接，如图 7-39 所示。绿米智能墙壁开关 H1
即属单火版，如图 7-40（a）所示。单火版智能开关接线与传统开关接线一样，只接相线，如图 7-40（b）所示。

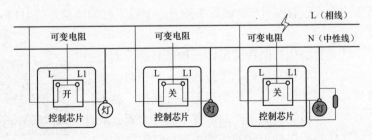

图 7-39 单火版智能开关工作原理

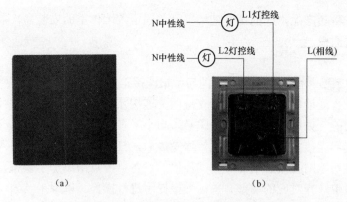

图 7-40 单火版智能开关（绿米 H1）

（a）实物图；（b）接线图

295 智能开关背面的接线孔有什么用处？如何安装？

区别零火版智能开关与火线版智能开关，主要看开关背面是否有中性线接线孔。如绿米 Aqara 三键单火线版智能开关背面只有 4 个接线孔，分别为 L3、L2、L1、L。L 孔接相（火）线，L1、L2、L3 分别接 3 路灯具负载线；其中 L1 对应开关面板的左键，L2 对应开关面板的中键，L3 对应开关面板的右键。

（1）绿米 Aqara 双键零火线版智能墙壁开关背面有 4 个接线孔，分别为 L、N、L1、L2。L 孔接相（火）线，N 接中性线，L1、L2 分别接 2 路灯具负载线；其中 L1 对应开关面板的右键，L2 对应开关面板的左键，如图 7-38（b）所示。

（2）绿米 Aqara 三键零火版智能墙壁开关背面有 5 个接线孔，分别为 N、L、L3、L2、L1。N 接中性线，L 接相（火）线，L1、L2、L3 分别接 3 路灯具负载，其中 L1 对应开关面板的左键，L2 对应开关面板的中键，L3 对应开关面板的右键。

（3）绿米单火双键版墙壁智能开关背面有 3 个接线孔，分别为 L、L1、L2。L 孔接相（火）线，L1、L2 分别接 2 路灯具负载线；其中 L1 对应开关面板的左键，L2 对应开关面板的右键，如图 7-38（b）所示。将相（火）线接入 L 孔内，将灯具的负载线接入 L1 或者 L2 孔内。用一字型螺钉旋具撬起开关面壳上的开启槽，掀开面板，将随产品附送的螺钉把墙壁开关固定入墙体里的安装盒，盖上开关面板。

296 智能墙壁开关如何与手机连接？

智能墙壁开关必须与所支持网关连接才能实现联动和远程控制等功能，如绿米墙壁智能开关必须与小米多功能网关或者 Aqara 空调伴侣连接才能使用。开关接线完成后，打开米家客户端，进入小米多功能网关或者 Aqara 空调伴侣的设备页，点击添加子设备，在选项中选择对应的墙壁开关，并按提示进行操作。以绿米 Aqara 智能墙壁开关 T1 为例，开关接线完成后，打开 App 客户端，进入所支持的相应网关，点击添加子设备，在选项中选择对应的墙壁开关，按提示进行操作：长按开关按键 8s 以上，直到指示为红色长亮 1s，蓝色长亮 1s 后松开，然后蓝色进入快闪状态。连接成功时，手机会提示"连接成功"。

297 智能墙壁开关与网关之间最大通信距离是多少？

以绿米智能墙壁开关为例，当其与网关之间在隔一堵墙的情况下，通信距离能达到 7～10m，隔墙较多的情况下，建议尽量靠近连接。

298 智能墙壁开关应搭配多大功率的灯具？

应为智能墙壁开关选用功率相匹配的灯具。否则可能出现异常，如绿米 Aqara 墙壁开关 D1 连接的灯功率低于最低功率要求时，在开关关闭时，会不定时闪烁。

特别注意：如果是老式的带启辉器的日光灯（灯管灯），需更换电子启辉器。目前墙壁开关（单火版）对主流品牌的灯具支持力度较好，但对于小众品牌或者山寨厂商，由于其灯具内部的电路设计和用料问题，可能造成灯具闪烁、开关死机等异常现象，用户应谨慎选择。

（1）绿米 Aqara 墙壁开关 D1 每路负载最小可以支持 3W 的节能灯或 5W 的 LED 灯或 16W 的荧光灯。

（2）绿米 Aqara 零火线单/双/三键版智能开关由于是接中性线和相线，无最小负载要求，但要求总路数的最大负载不超过2200W。

299 零火版智能墙壁开关与单火版智能墙壁开关有什么差异?

零火版智能墙壁开关与单火版智能墙壁开关都是智能墙壁开关，主要功能相同，前者是需要接中性线和相线，后者只需要接相（火）线供电。可根据家里现有的灯具布线情况自行选择。单火版智能开关不适用于功率低于 3W 的灯具上，当灯具功率较大时，容易造成闪烁的情况。单火版智能开关的价格也通常会比零火版贵，稳定性却不如零火版，且不支持智能灯、变色灯、渐变灯、遥控灯、灯带灯，同时不支持浴霸等大功率电器，故应优先选用零火版智能开关，在零火版智能开关不适用的情况下方可考虑选用单火版智能开关。

300 智能插座有什么作用?

Aqara 智能插座可以通过控制插座电源通断来控制相连电器的开关状态。如 Aqara 智能插座 T1，搭配网关后，即可实现手机 App 远程控制，设置定时控制，以及配合其他智能设备组成不同的使用场景。注意 Aqara 智能插座 T1 是一款基于 ZigBee 通信协议的产品，不能直接连接 Wi-Fi。

智能墙壁插座 T1 的安装

301 如何连接和重置 Aqara 智能插座 T1?

（1）连接。首先保证网关设备处于正常工作状态，将插座插入电源，然后打开米家 App，点击右上角"+"，进入设备列表，选择 Aqara 智能插座 T1，按 App 提示进行操作。

（2）重置。设备未组网或离线时，长按 Aqara 智能插座 T1 的重置键 5s 以上完成重置；如果 Aqara 智能插座 T1 与网关设备连接正常，为防止用户误删除，此时用户需要双击重置键后再长按 5s 以上完成重置设备。指示灯红色长亮 1s 后，进入蓝色快闪状态，表明 Aqara 智能插座 T1 已经重置成功。

302 Aqara 智能插座有哪些特殊功能?

（1）有防误触电保护。如 Aqara 智能插座 T1 的插孔处有保护门，防止误碰插孔而触电。

（2）有功率过载保护。如 Aqara 智能插座 T1 的最大负载功率为 2500W，当插座相连的电器工作功率超过最大负载功率时，Aqara 智能插座 T1 将自动断电，防止危险发生。

（3）断电记忆功能。App 中有"断电记忆"设置项，用户可选择开启和关闭。开启"断电记忆"后插座会记忆断电之前的状态，一旦来电将自动恢复成断电前的状态。

（4）给外部设备供电。Aqara 智能墙壁插座 H1（USB 版）是一款可以支持 ZigBee 3.0 协议，具备智能控制，同时可以通过 USB 接口给外部设备供电的智能插座，充电功率可达 12W。

（5）查看用电量。Aqara 智能墙壁插座 H1 与智能网关联网使用后，可以通过 App 进行远程控制，查看累计用电量。还可以与其他智能设备组合，实现更多联动控制的效果。

303 如何检验智能插座和网关之间的有效通信距离?

以 Aqara 智能插座 T1 为例，当其与网关连接，可以连续单击按键 3 次。如果网关提示"连接正常"，则表示智能插座和网关之间可以有效通信；如果没有提示，则应将智能插座插在靠近网关的电源后重试。

第 6 节　智能照明控制协议 DALI

304 什么是 DALI?

DALI 即数字可寻址照明接口（Digital Addressable Lighting Interface），DALI 协议是目前国际上唯一的室内照明控制标准协议，其具有调光、场景选择和灯具地址分配等功能。

　　DALI 总线智能照明控制系统采用分布式总线结构，各系统设备采用独立微处理器，独立设备的故障不会影响其他设备的运行，系统具有结构简单、安装方便、操作容易、功能良优、扩展性能强、可根据功能需求增减系统设备等特点。协议定义了驱动器与控制器之间的通信方式，DALI 协议系统由分布式智能模块组成，每个智能模块都具有数字通信和数字控制的能力，DALI 模块的存储器存储模块地址和灯光场景信息，DALI 总线上拓展很多个智能模块，通过 DALI 总线可以与各个智能模块进行数字通信、传递指令和状态信息，实现灯的开关、调光控制、系统的设置等功能。DALI 系统的网络架构如图 7-41 所示。

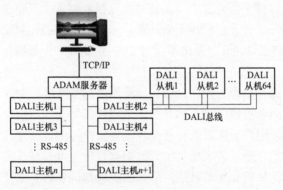

图 7-41　DALI 系统的网络架构

305　DALI 协议的主要特点有哪些?

　　(1) 异步半双工串行通信方式，双线差分驱动。

　　(2) 采用曼彻斯特数据编码方式，数据传输度率为 1200bit/s，最大电缆长度 100m。

　　(3) 差分电压大于 9.5V 时，为高电平；差分电压小于 6.5V 时，为低电平。

　　(4) DALI 总线最大电流为 250mA，每个设备消耗的电流不超过 2mA。

　　(5) 采用主从工作模式，一个 DALI 主机最多控制 64 台从机，每个从机都可以被单独寻址。

（6）主机发送数据格式为 1 个起始位、16 个数据位、2 个停止位；从机发送数据格式为 1 个起始位、8 个数据位、2 个停止位。

306　DALI 的应用优势有哪些?

（1）设计简单易行。DALI 数字控制系统设计简便，设计中只要通过数字信号接口相互连接，并联到 2 芯控制线上。所有分组和场景均可在安装调试时通过计算机软件编程，不仅节约了布线成本，对于设计修改、重新布局和分隔也只需更改软件设置而不需重新布线，非常简单易行。

（2）安装简单经济。安装 DALI 接口有 2 条主电源线，2 条控制线，对线材无特殊要求，安装时也无极性要求，只要求主电源线与控制线隔离开，控制线无需屏蔽，要注意的是当控制线上电流在 250mA，线长 300m 时压降不超过 2V。控制线和电源线可并行，无需另外埋线。

（3）操作简单方便。DALI 镇流器内部是智能型的，可自动处理灯丝预热、点燃、调光、开关、故障检测等功能，用户界面是十分友好的，用户无需对此理解很深就能操作控制，如发送一个改变现行场景的命令，各个相关镇流器根据现行亮度与场景要求亮度之差，各自计算调光速率以达到所有镇流器都同步调光到要求的场景亮度，如送查询命令就可回收各镇流器的运行状态和参数。

（4）控制精确可靠。DALI 为数字信号，不同于模拟信号，1010 的信号可以实现无扰动控制，不会因长距离压降而使得控制信号失真，因此即使 DALI 数字信号控制线与强电线同走一条线管也不会受干扰。DALI 信号是双向传输，不但可前向传输控制命令，也会将镇流器和灯管的状态、故障信息、开关，实际亮度值的信息反馈回系统。

（5）通信结构简单。DALI 接口通信协议有 19 位，第 1 位是起始位，第 2~9 位是地址位，第 10~17 位是数据，第 18、19 位是停止位。DALI 采用独特的曼彻斯特编码避免出现误码，传输速率 1200bit/s，可保证设备之间通信不被干扰，控制线上高电平为 16V。控制线上的每个控制器在通信中作为 Master 功能，而控制线上的像镇流器这样的控制电器只是响应 Master 的命令起 Slave 的作用，系统具有分布式智能功能。

（6）应用范围广泛。DALI 接口已不仅仅限用于荧光灯镇流器调光，各种卤钨灯电子变压器、气体放电灯电子镇流器、LED 也采用了 DALI 接口调光；控制设备还包括无线电接收器、继电器开关输入接口等。各种按键控制面板、包括 LED 显示面板都已具有 DALI 接口，这将使 DALI 的应用越来越广，控制器从最小的一间办公室扩大到多间房间的办公大楼，从单个商店扩大到星级宾馆。

307　DALI-2 与 DALI 的区别是什么？

DALI-2 首次将标准化技术引入到控制设备中，如传感器和其他输入设备，以及应用程序控制器等，这些可以被称作是 DALI 系统的"大脑"。DALI 和 DALI-2 标识如图 7-42 所示。

图 7-42　DALI-2 标识

（a）DALI；（b）DALI-2

DALI-2 包含了更为详细和严格的测试要求，可确保来自不同供应商的产品能够协同工作。为了支持这种互操作性承诺，DALI 引入了 DALI-2 认证计划，该计划包括在授予认证之前对测试结果进行验证，以及由 DALI 定期组织的一系列测试活动（Plugfest），以验证并进一步完善 DALI-2 测试程序。

与原版 DALI 协议相比，DALI-2 对驱动装置的设备功能（如计时、淡入淡出、上电、启动等），以及新纳入的功能（延长淡入淡出时间）有了更清晰的规定。同时，DALI-2 在设计上具备向后兼容性，企业可在原有 DALI 系统中使用新的 DALI-2 控制装置。

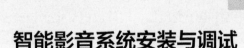

第8章

智能影音系统安装与调试

第1节　弱电布线施工基础知识

308　弱电是什么？它与强电有何区别？

弱电一般是指交流电压低于 36V 的线路，如直流电路、音频、视频线路、网络线路、电话线路等。智能家居的电话、电脑、电视机的信号输入线（有线电视线路），音响设备、家庭影院、背景音乐、控制主机等终端输出布线均为弱电布线范围。

在建筑布线时，人们习惯于将其分为强电（电力）与弱电（信息）两部分。一般来说，强电的处理对象是能源（电力），其特点是电压高、电流大、功率大、频率低，主要考虑的问题是减少损耗、提高效率；弱电的处理对象主要是信息，即信息的传送和控制，其特点是电压低、电流小、功率小、频率高，主要考虑的是信息传送的效果问题，如信息传送的失真度、速率、频带宽度、可靠性等。

通常弱电的电压不超过交流 36V 或者直流 24V。但并不代表所有小于交流 36V 或直流 24V 的电都是弱电。如电动摩托车的每一组电池电压为 12V、手机充电宝输出电压一般在 4.7~5.2V 之间，但是电池的目的是为摩托车、手机提供能源，所以这依然属于强电。

309　弱电可分为哪几类？

在智能建筑中的弱电主要有控制电压与信号电压两类。

（1）控制电压。交流 36V 以下，直流 24V 以下的控制电压，如智能照明中灯具的控制电压，PLC 中性线上的控制电压等。

（2）信号电压。载有语音、图像、数据等信息的信息源，如传送电话、电视、计算机信息的信号电压。

310 什么是弱电系统？常见的弱电系统有哪些？

弱电系统一般是指信息的传送和控制系统，是智能楼宇中的关键组成部分，也是智能家居安装调试人员日常工作的主要对象。

智慧小区中的弱电系统包括综合布线子系统、计算机网络子系统、安防监控子系统、安防门禁一卡通管理子系统、安防报警子系统、公共广播子系统、网络机房子系统、智能家居子系统、集成子系统、楼宇自动控制子系统、停车场子系统、巡更子系统等，如图8-1所示。

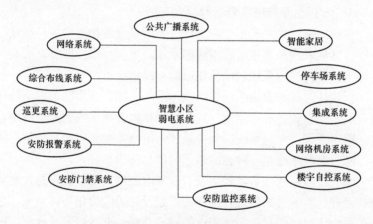

图 8-1 智慧小区弱电系统

随着计算机、物联网、5G、人工智能等技术的飞速发展，软硬件功能的迅速强大，各种弱电子系统工程和新兴技术的不断结合，各种子系统之间的分界逐渐不再像以前那么清晰，各类弱电工程的相互融合，就是整个弱电系统集成。

311 弱电传输的方式有哪些？

（1）按传输介质不同，可分为有线传输与无线传输两种。如智能家居中的总线技术属于有线传输；而 ZigBee、Wi-Fi、蓝牙 Mesh 属于无线传输。

（2）按传输信号不同，可分为模拟传输与数字传输两种。如功率放大器到音箱的音频线，机顶盒到电视机的视频线属于模拟传输；计算机主机与显示器之间的数据线属于数字传输。

（3）按传输途径不同，可分为单向传输、双向传输、半双向传输和多道传输。如目前智能家居中的控制信号属于单向传输；将来智能家居将实现与用户双向传输。智能家居终端产品能够根据用户的身体感受或情感反应的不同，将环境调至最舒适的状态，这种双向、甚至多向的信息传递，成为未来智能家居最重要的发展方向。

312　什么是布线？什么是综合布线？

布线的国标定义是指能够支持电子信息设备相连的各种缆线、跳线、接插软线和连接器件组成的系统。综合布线的国标定义是指能够支持多种应用系统的结构化通信布线系统。

一般认为综合布线系统是指按标准的、统一的和简单的结构化方式编制和布置各种建筑物（或建筑群）内各种系统的通信线路，包括网络系统、电话系统、监控系统、电源系统和照明系统等。因此，综合布线系统是一种标准通用的信息传输系统。

综合布线系统是智能楼宇及智能家居的信息化基础设施，是将所有语音、数据等系统进行统一的规划设计的结构化布线系统，为工作与生活提供信息化、智能化的物质介质，支持语音、数据、图文、多媒体等综合应用。

313　家庭综合布线系统的组成是什么样的？

一般的家庭综合布线系统主要由多媒体信息箱、信号线和信号端口组成，如图 8-2 所示。如果将家庭综合布线系统比作数字家庭的神经系统，多媒体信息箱就是大脑，而信号线和信号端口就是神经和神经末梢；信息接入箱的作用是控制输入和输出的数据信息；信号线传输数据信息；信号端口接驳智能终端设备，如电视机、电话、计算机、智能终端、背景音乐扬声器等。

图 8-2　家庭综合布线示意图

314　综合布线在弱电系统中的应用要求是什么?

《综合布线系统工程设计规范》(GB 50311—2016)中规定:综合布线系统应支持具有 TCP/IP 通信协议的视频安防监控系统、出入口控制系统、停车库(场)管理系统、访客对讲系统、智能卡应用系统,建筑设备管理系统、能耗计量及数据远传系统、公共 广播系统、信息导引(标识)及发布系统等弱电系统的信息传输。

综合布线系统支持弱电各子系统应用时,应满足各子系统提出的下列条件:①传输带宽与传输速率;②缆线的应用传输距离;③设备的接口类型;④屏蔽与非屏蔽电缆及光缆布线系统的选择条件;⑤以太网供电(POE)的供电方式及供电线对实际承载的电流与功耗;⑥各弱电子系统设备安装的位置、场地面积和工艺要求。

315　什么是数据? 什么是信息? 什么是信号?

(1)数据。数据是用来记录或者标识事物的特征和物理状态的一串按一定顺序排列组合的物理符号。数据有多种表现形式，可以是数字、文字、图像，甚至是音频或视频，它们都可以经过数字化后存入计算机。

（2）信息。信息是数据的集合、含义与解释。数据经过处理并经过解释才有意义，才成为信息。具有一定编码、格式和位长要求的数字信息称为数据信息。数据和信息是有区别的。数据是独立的，是尚未组织起来的事实的集合，信息则是按照一定要求以一定格式组织起来的数据，凡经过加工处理或换算的人们想要得到的数据，都可称为信息。数据与信息的关系如图 8-3 所示。

图 8-3 数据与信息的关系

（3）信号。信号是表示信息的物理量，如电信号可以通过幅度、频率、相位的变化来表示不同的信息，这种电信号有模拟信号和数字信号两类。信号是运载信息的工具，是信息的载体。从广义上讲，它包含光信号、声信号和电信号等。按照实际用途区分，信号包括电视信号、广播信号、雷达信号，通信信号等；按照所具有的时间特性区分，则有确定性信号和随机性信号等。

316 什么是模拟信号？什么是数字信号？

（1）模拟信号。模拟信号是指用连续变化的物理量表示的信息，其信号的幅度、频率、相位或随时间做连续变化，或在一段连续的时间间隔内，其代表信息的特征量可以在任意瞬间呈现为任意数值的信号。模拟信号传输过程中，先把信息信号转换成几乎"一模一样"的波动电信号（因此叫"模拟"），再通过有线或无线的方式传输出去，电信号被接收下来后，通过接收设备还原成信息信号。

（2）数字信号。数字信号指自变量是离散的、因变量也是离散的信号，这种信号的自变量用整数表示，因变量用有限数字中的一个数字来表示。在计算机中，数字信号的大小常用有限位的二进制数表示。如图 8-4 所示的脉冲序列可以代表数字信号 10110101，有脉冲的位为 "1"，无脉冲的位为 "0"。

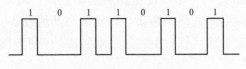

图 8-4　脉冲序列（数字信号波形）

317　模拟信号怎样数字化?

模拟信号数字化要经过取样、量化、编码 3 个过程，最终形成二进制数字信号，模拟信号数字化过程如图 8-5 所示。显然，取样点越多，量化层越细，越能逼真地表示模拟信号。

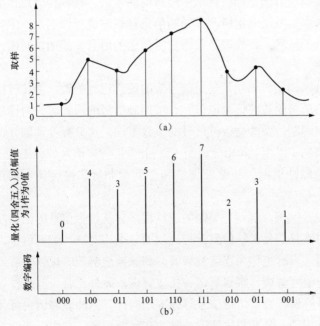

图 8-5　模拟信号数字化过程

（a）取样；（b）量化和编码

318 什么是信号线?

信号线主要是指在电气控制电路中用于传递传感信息与控制信息的线路。信号线往往以多条电缆线构成为一束或多束传输线，也可以是排列在印制板电路中的印制线，随着科技与应用的不断进步，信号线已由金属载体发展为其他载体，如光缆等。不同用途的信号线往往有不同的行业标准，以便于规范化生产与应用。

智能家居安装常见的弱电线材有网线、光纤、同轴电缆、电话线等，用于看有线电视、网络电视、上网或电话。除此以外，弱电线材还有 VGA 线、色差线、AV 线、S 端子、HDMI 线、音频线、视频监控线、USB 连接线等。

319 什么是调制? 什么是解调?

调制与解调是通信技术中最常用的术语。在各种信息传输或处理系统中，发送端用所欲传送的信息对载波进行调制，产生携带这一信息的信号。接收端必须恢复所传送的信息才能加以利用，这就是解调。

（1）调制。调制就是对信号源的信息进行处理，使其转换为适合于信道传输载波调制电信号。按调制信号的形式可分为模拟调制和数字调制；按改变载波信号的参数不同，可分幅度调制（调幅）、频率调制（调频）和相位调制（调相）；按被调信号的种类不同，还可分为脉冲调制、正弦波调制和强度调制等。幅度调制如图 8-6 所示。

（2）解调。解调是调制的逆过程，它从携带信息的已调制载波信号中恢复信号源的信息。与调制的分类相对应，解调可分为正弦波解调（有时也称为连续波解调）和脉冲波解调。正弦波解调还可再分为幅度解调、频率解调和相位解调，此外还有一些变种如单边带信号解调、残留边带信号解调等。同样，脉冲波解调也可分为脉冲幅度解调、脉冲相位解调、脉冲宽度解调和脉冲编码解调等。对于多重调制需要配以多重解调。

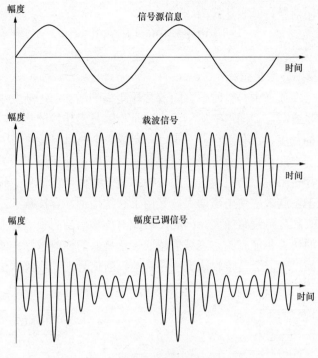

图 8-6 幅度调制

320 调制解调器有什么作用?

调制解调器（Modem）俗称"猫"，是宽带进户后接入的第一个设备，其作用是当计算机发送信息时，将计算机内部使用的数字信号转换成可以用电话线传输的模拟信号，通过电话线发送出去，即调制；接收信息时，把电话线上传来的模拟信号转换成数字信号传送给计算机，供其接收和处理，即解调。

321 什么是电平?

电平是一种反映能量变化的物理量，它是根据电路中功率、电压、电流的相互关系来确定的。电平的单位为分贝（dB）。常用的电平有功率电平和电压电平两类，它们各自又可分为绝对电平和相对电平两种。功率电平是指某被测点功率 P_2 与某一基准功率 P_1 之

比的常用对数，其表达式为

$$功率电平 = 10\lg\,(P_2/P_1)$$

322 什么是衰减?

信号在通道中传输时，会随着传输距离的增加而逐渐变小，这就是信号衰减，如图 8-7 所示。衰减是指信号沿传输链路传输后幅度减小的程度，单位为分贝（dB）。衰减产生的原因是电缆的电阻所造成的电能损耗以及电缆绝缘材料所造成的电能泄漏。一方面，导线中存在阻抗，会阻碍信号的传输；另一方面，当信号的频率增高，由于集肤效应使电阻增大，又由于感抗增加、容抗减小，而使信号的高频分量衰减加大。因此，衰减与传输信号的频率有关，也与导线的传输长度有关。衰减值越低表示链路的性能越好，如果链路的衰减过大，会使接收端无法正确地判断信号，导致数据传输不可靠。

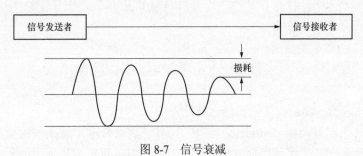

图 8-7 信号衰减

链路的衰减由电缆材料的电气特性和结构、长度及传输信号的频率所决定。在 1～100MHz 频率范围内，衰减主要由集肤效应决定，它与频率的平方根成正比。链路越长，频率越高，衰减就越大。视频信号在 150m 双绞线上传输的衰减曲线如图 8-8 所示，故双绞线只适宜传输 20kHz 以下的音频信号，不适宜传输 1MHz 以上的视频信号。

信号在空气中传播时，若遇到障碍物，则强度会衰减，实践经验总结，穿地板衰减 30dB，穿承重墙衰减 20～40dB，穿砖墙衰减 10dB，穿 10mm 玻璃窗户衰减 3dB，穿透人体衰减 3dB，穿过空旷走廊衰减 30dB/50m。

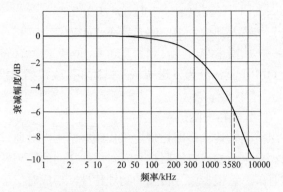

图 8-8　视频信号在 150m 双绞线上传输的衰减曲线

323　什么是回波损耗？什么是插入损耗？

（1）回波损耗。回波损耗又称为反射衰减，是对阻抗不匹配引起反射能量的度量，与特性阻抗匹配有关。不匹配主要发生在连接器的地方，但也可能发生于电缆中特性阻抗发生变化的地方，所以施工的质量是提高回波损耗的关键。回波损耗将导致信号失真，从而降低综合布线的传输性能。回波损耗是传输线端口的入射波功率与反射波功率之比，以对数形式的绝对值来表示，单位为 dB，一般是正值。

（2）插入损耗。插入损耗是指在传输系统的某处由于元件或器件的插入而发生的负载功率的损耗，它表示为该元件或器件插入前负载上所接收到的功率与插入后同一负载上所接收到的功率以分贝为单位的比值。

1）插入损耗是指发射机与接收机之间，插入电缆或元件产生的信号损耗，通常指衰减。插入损耗以接收信号电平的对应分贝（dB）来表示。

2）插入损耗多指功率方面的损失，衰减是指信号电压的幅度相对原信号幅度的变小。

3）通道的插入损耗是指输出端口的输出光功率与输入端口输入光功率之比，单位为 dB 插入损耗与输入波长有关，也与开关状

态有关。定义为

$$IL = -10\lg(P_0/P_i)$$

式中　P_i——输入到输入端口的光功率，mW；

　　　P_0——从输出端口接收到的光功率，mW。

对于 OLP，具体分为发送端插入损耗和接收端插入损耗。

324　什么是特性阻抗?

特性阻抗是指传输链路在规定工作频率范围内对通过的信号的阻碍能力，单位为 Ω。特性阻抗与一对电线之间的距离及绝缘体的电气特性有关，它根据信号传输的物理特性，形成对信号传输的阻碍作用。

特性阻抗与铜质电缆环路直流电阻不同，特性阻抗包括直流电阻及工作频率 1~100MHz 内的电感阻抗及电容阻抗。所有的铜质电缆都有一个确定的特性阻抗指标，该指标的大小取决于电缆的导线直径和覆盖在导线外面的绝缘材料的电介质常数。

对双绞线电缆而言，特性阻抗有 100Ω、120Ω 及 150Ω 几种，常用的是 100Ω 双绞线电缆。电缆的阻抗指标与电缆的长度无关，一条 100m 长的电缆与一条 10m 长的电缆具有相同的特性阻抗。

325　什么是带宽?

带宽本来是指某个信号具有的频带宽度。一个特定的信号往往是由许多不同的频率成分组成的。因此，一个信号的带宽是指该信号的各种不同频率成分所占据的频率范围。比如，在传统的通信线路上传送的电话信号的标准带宽是 3.1kHz（300~3400Hz，即语音的主要成分的频率范围）。然而，在过去很长的一段时间，通信的主干线路都是用来传送模拟信号的，因此表示通信线路允许通过的信号频带范围就称为线路的带宽（通频带）。对电缆而言，就是指电缆所支持的频率范围。

带宽是一个表征频率的物理量，其单位是 Hz（或 kHz、MHz、GHz 等）。换言之，带宽是用于描述"信息高速公路"的宽度的。增加带宽意味着提高通道的通信能力，增加带宽需要高频，准确地讲，应该是更大的可以利用的频率范围，而且要确保在这种频率下信号的干扰和衰减是可以容忍的。因而对于宽带运营的网络来讲，5 类双绞线就比同样长度的 3 类双绞线具有更大的带宽，而超 5 类、6 类和 7 类双绞线则比同样长度的线缆具有更大的带宽。当然，光纤是目前所想到的"最宽"的"信息高速公路"。目前常用通信电缆带宽等级见表 8-1。

表 8-1　　　　　　　　　常用通信电缆带宽等级

电缆级别	5 类	超 5 类	6 类	7 类
支持带宽范围/MHz	1~100	1~100	1~250	1~600

326　什么是比特率？什么是符号率？

比特率和符号率都是描述数字系统传输数据能力的指标。数字系统在传输数据时，需要将二进制数据变换成调制波的符号，形成数字基带信号，然后经载波信号调制，将基带信号搭载到高频载波上进行传输。

在基带传输系统中，用比特率表示传输的信息码率，比特率 R_b 是指单位时间内传输的二元比特数，单位为 bit/s。比如，一个数字通信系统，它每秒传输 600 个二进制码元，它的信息传输速率（比特率）即是 600bit/s。

符号率 R_s 是指单位时间内传输的调制符号数，通常指三元及三元以上的多元数字码流的信息传输速率，单位是 symbol/s。

在 M 进制符号映射中，比特率 R_b 和符号率 R_s 之间关系为

$$R_b = R_s \log_2 M$$

如 QPSK 调制时，每 2bit 码元映射为一个符号，也就是 $M=4$；64QAM 调制时，每 6bit 码元映射为一个符号，也就是 $M=64$。

当 $M=2$ 时，$R_b=R_s$，则比特率与符号率相等。当 $M=2^8=256$ 时，$R_b=R_s\log_2 256=8R_s$，则比特率是符号率的 8 倍。

327　什么是误码率？

数字信号在传输过程中，由于信道不理想以及噪声的干扰，以

致在接收端判决再生后的数字比特可能出现错误,这叫作传输误码。误码的多少用误码率来衡量,误码率是数字通信系统中单位时间内错误比特数与发送总比特数之比。比如,误码率 2×10^{-4} 表示每发送 10 000bit,产生 2bit 的错误。

对于 PCM 编码,通常要求传输信道的误码率应小于 5×10^{-7},对于压缩后的误码率要求更小,达 $10^{-8} \sim 10^{-9}$,若不能达到此要求,则应采取误码的保护措施,即纠错编码。误码率与调制方式及载噪比(C/N)的关系曲线如图 8-9 所示。

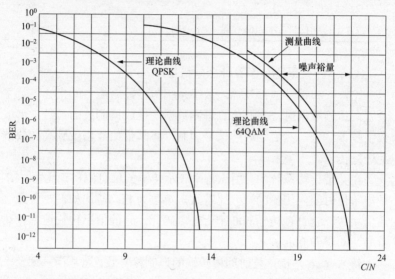

图 8-9　误码率与调制方式及载噪比(C/N)的关系曲线

328　什么是串扰?

当电信号通过铜芯线进行传输时,会对邻近的铜芯线产生电磁干扰,从而影响临近线路上的数据传输,把这种干扰叫做串扰。串扰被看作一种噪声干扰,单位为分贝(dB)。在综合布线时,人们把许多条绝缘的双绞线集中捆成一个线束接入配线架,在一个线束内的相邻线路,如果在相同的频率范围内接收或者发送信号,彼此间就会产生很大的电磁干扰(串扰),从而使要传输的波形发生变化,造成信息传输错误。

第 2 节　弱电施工的技术要求

329　弱电施工相关国家和行业标准有哪些？

弱电施工主要的国家和行业相关标准有：《智能建筑设计标准》（GB 50318—2021）；《综合布线系统工程设计规范》（GB 50313—2016）；《综合布线系统工程施工及验收规范》（GB/T 50312—2016）；《民用建筑电气设计标准（共二册）》（GB 51348—2019）；《公共广播系统工程技术标准》（GB/T 50526—2021）；信息技术　开放系统互连　网络层安全协议》（GB/T 17963—2020）；《智能建筑工程质量检测标准》（JCJ/T 454—2019）；《安全防范工程通用规范》（GB 55029—2022）；《建筑电气与智能化通用规范》（GB 55024—2022）；《大楼通信综合布线系统　第 2 部分：电缆、光缆技术要求》（YD/T 926.2—2009）；《建筑物防雷设计规范》（GB50057—2000）；《综合布线系统电气特性通用测试方法》（YD/T 1013—2013）。

330　综合布线系统中的缆线长度有什么要求？

根据《综合布线系统工程设计规范》（GB 50311—2016）中的规定，主干缆线组成的信道出现 4 个连接器件时，缆线的长度不应小于 15m；配线子系统信道的最大长度不应大于 100m，缆线长度应符合表 8-2 的规定。

表 8-2　　　　　　　配线子系统缆线长度

连接模型	最小长度/m	最小长度/m
FD-CP	15	85
CP-FO	5	—
FD-TO（无 CP）	15	90
工作区设备缆线（*）	2	5
跳线	2	—

续表

连接模型	最小长度/m	最小长度/m
FD 设备缆线（**）	2	5
设备缆线与跳线总长度	—	10

*　此处没有设置跳线时，设备缆线的长度不应小于 1m。

**　此处不采用交叉连接时，设备缆线的长度不应小于 1m。

331　屏蔽布线系统有什么要求？什么情况下宜选用屏蔽布线系统？

屏蔽布线系统应选用相互适应的屏蔽电缆和连接器件，采用的电缆、连接器件、跳线、设备、电缆都应是屏蔽的，并应保持信道屏蔽层的连续性与导通性。

《综合布线系统工程设计规范》（GB 50311—2016）中的规定，在下列情况时宜屏蔽布线系统。

（1）当综合布线区域内存在的电磁干扰场强高于 3V/m 时，宜采用屏蔽布线系统。

（2）用户对电磁兼容性有电磁干扰和防信息泄漏等较高的要求时，或有网络安全保密的需要时，宜采用屏蔽布线系统。

（3）安装现场条件无法满足对绞电缆的间距要求时，宜采用屏蔽布线系统。

（4）当布线环境温度影响到非屏蔽布线系统的传输距离时，宜采用屏蔽布线系统。

332　光纤到用户的用户接入点的设置有哪些规定？

《综合布线系统工程设计规范》（GB 50311—2016）中规定，用户接入点的设置应符合下列规定。

（1）每一个光纤配线区应设置一个用户接入点。

（2）用户光缆和配线光缆应在用户接入点进行互联。

（3）只有在用户接入点处可进行配线管理。

（4）用户接入点处可设置光分路器。

333　综合布线系统管线的弯曲半径规定是多少？

《综合布线系统工程设计规范》（GB 50311—2016）中，综合布线系统管线敷设弯曲半径要求见表 8-3。

表 8-3　　　　综合布线系统管线敷设弯曲半径要求

缆线类型	弯曲半径
2 芯或 4 芯水平光缆	>25mm
其他芯数和主干光缆	不小于光缆外径的 10 倍
4 对屏蔽、非屏蔽电缆	不小于电缆外径的 4 倍
大对数主干电缆	不小于电缆外径的 10 倍
室外光缆、线缆	不小于缆线外径的 10 倍

334　室内光缆规定预留长度是多少？

《综合布线系统工程设计规范》（GB 50311—2016）中规定，室内光缆预留长度应符合下列要求。

（1）光缆在配线柜处预留长度应为 3～5m。

（2）光缆在楼层配线箱处光纤预留长度应为 1～1.5m。

（3）光缆在信息配线箱终接时预留长度不应小于 0.5m。

（4）光缆纤芯不做终接时，应保留光缆施工预留长度。

335　弱电系统施工的注意事项有哪些？

（1）电话必须使用专用电话线穿线管敷设，不能与其他线混穿一管。

（2）有线电视线必须采用符合要求的同轴电缆线（特性阻抗75Ω），并严禁对接，有线网络线的弯曲半径不小于同轴电缆外径的10 倍。

（3）有线电视线严禁与网络线混穿一管。

（4）强、弱电严禁在同一根管内铺设，不得接入同一个接线盒。

（5）强、弱电线管间距要大于 15mm。电话线、电视线等信号线不能和电力线平行走线。

（6）4个终端以下的安装，应采用分配器。分配器必须安装在120型的大方线盒内（TV 盒）减少电平信号的损失，同时又便于维修。

（7）留足音响线出口的长度方便以后移位（应留足 1m 距离），并保护。

（8）完毕后要施工人员绘制电路图（电器排列平面图，系统图）。

第3节　室内网线的敷设

336　什么是双绞线（网线）？

双绞线又称对绞电缆或网线，是连接网络基本构件。双绞线可用作电话线，但又不同于电话线。电话线是平行线，双绞线是将两根单独的绝缘导线按照某种标准以互相缠绕的方式组成的一种配线。通过扭绞导线，一部分噪声信号沿一个方向传输（发送），而另一部分则沿反方向传输（接收），这种导线相互缠绕的形式可有效减少导线上的磁效应，并且来自外部的干扰信号会被导线的扭绞相互抵消。简单来说，与单根导线或非双绞水平排列的线对相比，双绞线减少了线对间的电磁辐射和相邻线对间的串扰，并有效抑制了来自外部的电磁干扰。

337　室内网线有几类？怎样判断网线的类别？

国际电工委员会（IEC）和通信工业协会/电子工业协会（TIA/EIA）已经建立了双绞线的国际标准，并根据使用的领域分为7 个类别，每种类别的网线生产厂家都会在其绝缘外皮上标注其种类，如 CAT5 或者 CAT.SE 等指五类双绞线。各类双绞线的技术数据及其应用见表 8-4。

表 8-4　　　　各类双绞线的技术数据及其应用

类别	传输频率 /MHz	最高数据传输 速率/（Mbit/s）	应　用　范　围
第二类	1	4	应用4Mbit/s规范令牌传递协议的旧的令牌网

续表

类别	传输频率/MHz	最高数据传输速率/（Mbit/s）	应 用 范 围
第三类	16	10	主要用于 10Base-T
第四类	20	16	主要用于基于令牌的局域网和 10Base-T/100Base-T
第五类	100	100	主要用于 100Base-T 和 10Base-T 网络
超五类	100	155	主要用于千兆位以太网（1000Mbit/s）
第六类	200	250	最适用于传输速率高于 1Gbit/s 的应用
第七类	600	600	可用于 10Gbit/s 的以太网
第八类	2000	40000	可用于的万兆位以太网（10 000Mbit/s）

注 双绞线的最高传输频率与最低传输频率之差为双绞线的带宽。

判断网线是几类的最直接有效的办法，就是看网线外皮的标识，正规的厂家生产的网线外包装和网线外皮上都有清晰的标识和参数：五类网线是 CAT.5，超五类网线是 CAT.5E，六类网线是 CAT6，超六类网线是 CAT.6A，七类网线是 CAT.7，八类网线是 CAT.8。

338 怎样选择家装网线？

（1）选择网线类型。考虑到家庭装修的使用年限比较长，所以家庭布线时应该考虑到 10、20 年以后的网络环境，虽然目前很多家庭宽带还是百兆，但是千兆网络已经逐渐普及，千兆宽带搭配千兆网线，万兆宽带搭配万兆网线，目前市面上常见的百兆网线是超五类网线，常见的千兆的网线是六类网线，常见的万兆网线是超六类网线、七类网线、八类网线。

（2）选择屏蔽还是非屏蔽。屏蔽线的内部结构一般会有铝箔、编织网等屏蔽层，对强干扰的环境起到抵抗作用，能有效屏蔽外部的电磁干扰，也能阻断线缆本身的电磁泄漏，保持传输网络的稳定性，同时可以防止信息被窃听。

（3）选择合适的网线插座。根据网线的类型来选择合适的网线插座，比如家里接入的是千兆网络，使用千兆标配六类网线布线，那网线必须要匹配六类水晶头并配合六类插座。

339 RJ-45 水晶头压制标准有哪几种?

按照布线规定,常用双绞线连接的 RJ-45 接头有 T568A 和 T568B 两种不同的标准。

T568A 标准规定线序为:白绿—1,绿—2,白橙—3,蓝—4,白蓝—5,橙—6,白棕—7,棕—8。

T568B 标准规定线序为:白橙—1,橙—2,白绿—3,蓝—4,白蓝—5,绿—6,白棕—7,棕—8。

在整个网络布线中应用一种布线方式,但两端都有 RJ-45 接头的网络连线无论是采用端接方式 A,还是端接方式 B,在网络中都是通用的。双绞线的顺序与 RJ-45 头的引脚序号一一对应。10Mbit/s 以太网的网线使用 1,2,3,6 编号的芯线传递数据,100Mbit/s 以太网的网线使用 4,5,7,8 编号的芯线传递数据。现在都采用 4 对(8 芯线)的双绞线主要是为适应更多的使用范围,在不变换基础设施的前提下,就可满足各式各样的用户设备的接线要求,如可同时用其中一对绞线来实现语音通信。

100Base-T4 RJ-45 对双绞线的规定如下:1、2 用于发送,3、6 用于接收,4、5,7、8 是双向线。

第 4 节 室内光纤的敷设

340 光纤的传输特性是什么?

光纤的传输特性主要有衰减特性与色散特性两个。

(1)衰减特性。光纤的衰减是光纤最重要的特性之一。它表示光在光纤中传输一定距离后其能量损耗的程度,用单位长度的光纤对信号损失的分贝数来表示,常以 dB/km 为单位。光纤的衰减主要由吸收损耗、散射损耗及辐射损耗等因素引起。吸收损耗指光波在传输过程中由纯石英材料引起的本征吸收损耗和由杂质引起的非本征吸收损耗。散射及辐射是指被传输的光波向包层之外泄漏或朝逆方向返回造成逆传输方向的损耗。理论和实践都证明，光纤的损耗与它所传输光的波长有关。光纤传输损耗与波长关系曲线如图 8-10 所示。

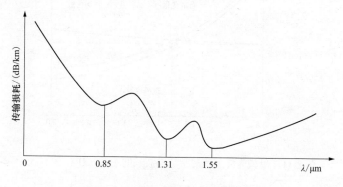

图 8-10 光纤传输损耗与波长关系曲线

由图 8-10 可知，光纤损耗的 3 个极小值分别位于 0.85μm、1.31μm、1.55μm 处，通常把这 3 个波长称为光纤传输的 3 个窗口。这 3 个波长中，0.85μm 附近的损耗最大，约为 3～4dB/km，1.31μm 附近的损耗次之，约为 0.35dB/km，1.55μm 附近的损耗最小，可达 0.19dB/km 以下。

（2）色散特性。色散是光纤的另一个重要特性。所谓色散，是指输入信号中包含的不同频率或不同模式的光在光纤中传播的速度不同，不同时到达输出端，使输出波形展宽变形，形成失真的现象。单模光纤的色散由材料色散和结构色散相加而成。由于纤芯材料的折射率随波长变化而引起的色散称为材料色散。结构色散取决于折射率、相对折射率、纤芯直径、波长等，它的数值通常小于材料色散。由于色散使脉冲变形，要提高光纤有线电视系统的性能指标，应尽可能减少光纤的色散。色散常数 D 定义为单位波长间隔的光传输单位距离的群时延差异，单位为 ps/（nm·km）单模光纤的色散常数与波长的关系（D/λ 曲线）如图 8-11 所示。由图 8-11 可知，在 1.31μm 波长处，D 的理论值为 0。

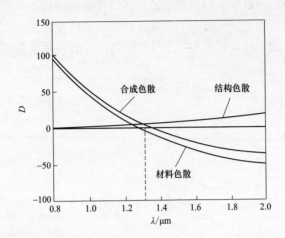

图 8-11　单模光纤的色散常数与波长的关系（D/λ）曲线）

341　怎样选择室内光缆与配线设备？

《综合布线系统工程设计规范》（GB 50311—2016）中规定，室内光缆光纤选择应符合下列规定。

（1）用户接入点至楼层光纤配线箱（分纤箱）之间的室内用户光缆应采用 G.652 光纤。

（2）楼层光缆配线箱（分纤箱）至用户单元信息配线箱之间的室内用户光缆应采用 G.657 光纤。

（3）室内光缆宜采用干式、非延燃外护层结构的光缆。

（4）光纤连接器件宜采用 SC 和 LC 类型。

342　光缆敷设安装的最小静态弯曲半径是多少？

光纤在弯曲后会出现弯曲损耗，这是由于光纤被弯曲时内外两侧受到的压力不同，压力差使折射率发生变化，于是在包层中的一部分光波被辐射出去，造成弯曲损耗。《综合布线系统工程设计规范》（GB 50311—2016）中，光缆敷设安装的最小静态弯曲半径要求见表 8-5。

表 8-5　　　　　　光缆敷设安装的最小静态弯曲半径要求

光缆类型		静态弯曲半径
室内外光缆		15D/15H
微型自承式通信用室外光缆		10D/10H 且不小于 30mm
管道入户光缆 蝶形引入光缆 室内布线光缆	G.652D 光纤	10D/10H 且不小于 30mm
	G.657A 光纤	5D/5H 且不小于 15mm
	G.657B 光纤	5D/5H 且不小于 10mm

注　D 为缆芯处圆形护套外径，H 为缆芯处扁形护套短轴的高度。

343　G.657 与 G.652 两种光纤的主要参数有哪些?

G.657 与 G.652 两种光纤的主要参数见表 8-6。

表 8-6　　　　　　**G.657 与 G.652 两种光纤的主要参数比较**

性能参数		G652C / D	G657A		G657B		
1310 模场直径/μm		8.6～9.5±0.6	8.6～9.5±0.4		6.3～9.5±0.4		
包层直径/μm		125±1.0	125±0.7		125±0.7		
同心度误差（最大值）/μm		0.6	0.5		0.5		
包层不圆度（最大值）/（%）		1.0	1.0		1.0		
光缆截止波长（最大值）/mm		1260	1260		1260		
宏弯损耗	弯曲半径/mm	30	15	10	15	10	7.5
	弯曲圈数	100	10	1	10	1	1
	1550mm 最大值/dB	0.5（G652D）	0.25	0.75	0.03	0.1	0.5
	1625mm 最大值/dB	0.5（G652C）	1.0	1.5	0.1	0.2	10
	筛选能力/GPa	≥0.69	≥0.69		≥0.69		
色散系数	最小波长/nm	1300	1300		待定		
	最大波长/nm	1324	1324		待定		
	数值 [ps/（nm·km）]	0.93	0.92		待定		

续表

性能参数		G652C / D	G657A	G657B
衰减损耗/（dB/km）	光缆波长在 1300～1625nm 最大值	0.4	0.4	0.5（1310nm）
	光缆波长在 1550nm 处最大值	0.3	0.2	0.3
光缆 PMD	M（光缆敷设段数）	20	20	
	Q	0.1%	0.1%	
	最大值/（ps/$\sqrt{\text{km}}$）	0.5　0.2	0.2	待定

344　什么是光分路器？

光分路器又称分光器或光纤耦合器，在有线电视光缆传输中用于分配光信号，它能够按照选定的功率比例将一路光信号分配为两路或两路以上的光信号。光分路器的分光比一般用百分数表示，代表某一输出端口的输出功率占总输出功率的百分比。光分路器根据分成的路数命名，如分为 N 路，则称光分路器为 N 分路器。

光分路器可分为单模、多模，从波长响应特性来分，可分为 1310nm、1550nm 常规型，双波长型及宽带分路器。目前有线电视系统常用的是单模 1310nm 或 1550nm 常规型光分路器，其带宽为 ±20nm。8 路 PLC 盒式光分路器如图 8-12 所示。

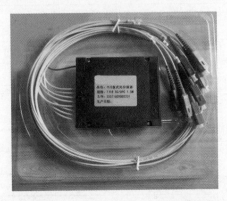

图 8-12　8 路 PLC 盒式光分路器

345　光分路器的技术参数有哪些?

（1）分光比。根据光路设计的需要可将输入光信号 P_i 分成 N 路，其中，第 j 路占总信号的百分比，称作第 j 路的分光比。即 $K = P_i/P_j$。分光比的取值范围为 0～100% 之间。如将 3mW 信号分成两路，一路输出 1mW 左右，另一路输出 2mW 左右，就需要一个二分光器，分光器为 1 端 33.3%，2 端 66.7%。

（2）分光损耗。将分光器输入端功率与分光器某一路输出信号功率之比（用 dB 表示）称作这一分光器端口的分光损耗。即 $L_j = 10\lg P_i/P_j$。分光比与分光损耗常用值见表 8-7。

表 8-7　　　　　　　　　　分光比与分光损耗常用值

分光比（%）	分光损耗/dB	分光比（%）	分光损耗/dB	分光比（%）	分光损耗/dB	分光比（%）	分光损耗/dB
3	15.23	21	6.78	39	4.09	57	2.44
4	13.98	22	6.58	40	3.98	58	2.37
5	13.01	23	6.38	41	3.87	59	2.29
6	12.22	24	6.20	42	3.77	60	2.22
7	11.55	25	6.02	43	3.67	61	2.15
8	10.97	26	5.85	44	3.57	62	2.08
9	10.46	27	5.69	45	3.47	63	2.01
10	10.00	28	5.53	46	3.37	64	1.94
11	9.59	29	5.38	47	3.28	65	1.87
12	9.21	30	5.23	48	3.19	66	1.80
13	8.86	31	5.09	49	3.10	67	1.74
14	8.54	32	4.59	50	3.01	68	1.67
15	8.24	33	4.81	51	2.92	69	1.61
16	7.96	34	4.69	52	2.84	70	1.55
17	7.70	35	4.56	53	2.76	71	1.49
18	7.45	36	4.44	54	2.68	72	1.43
19	7.21	37	4.32	55	2.60	73	1.37
20	6.99	38	4.20	56	2.52	74	1.31

分光比（%）	分光损耗/dB	分光比（%）	分光损耗/dB	分光比（%）	分光损耗/dB	分光比（%）	分光损耗/dB
75	1.25	81	0.92	87	0.60	93	0.32
76	1.19	82	0.86	88	0.56	94	0.27
77	1.14	83	0.81	89	0.51	95	0.22
78	1.08	84	0.76	90	0.46	96	0.18
79	1.02	85	0.71	91	0.41	97	0.13
80	0.97	86	0.66	92	0.36	98	0.09

（3）附加损耗。光信号通过光分路器分为若干路，但各路输出功率之和并不等于总输出功率，而是小于这个值。这是由于光信号功率在分光器内部分配时，其中一小部分被分光器消耗掉，这一部分损耗称之为附加损耗。附加损耗可以看作是输入总信号的衰减，附加损耗用 L_e 表示，它决定于光分路器制作工艺水平和光分路器的输出路数。通常合格的光分路器附加损耗值应该小于或等于表 8-8 中所列数值。

表 8-8　　　　　　　　分光器的附加损耗值

输出路数	2	3	4	5	6	7	8	9	10	11	12	16
附加损耗/dB	0.20	0.30	0.40	0.45	0.50	0.55	0.60	0.70	0.80	0.90	1.00	1.20

（4）插入损耗。插入损耗表示信号从光分路器输入端到某一输出端所受到的损耗，它是分光损耗和附加损耗之和。即 $L_i = L_j + L_e$。

346　常用光纤接头有哪些?

光纤接头的作用跟网线的水晶头一样，目前常用的光纤接头主要分 SC 和 LC 两种。SC 头应用最多的就是在运营商光纤入户的光猫上，这种是单芯光纤收发复用的模式，它是通过使用不同的波长的光来实现收发。而 LC 头用得比较多的一般是 PC、服务器及网络交换机上，它是双芯光纤，一收一发了。不同场景使用不同的接头即可。作为家庭内网布线，自然是要选择双芯的 LC 接头。SC、LC 光纤接头如图 8-13 所示。

LC　　　　　　　　　　SC

图 8-13　SC、LC 光纤接头

目前要做光纤的接头主要有热熔和冷接两种方法。所谓热熔，就是指光纤中间断了，通过熔纤机把它接起来，具体到布线施工过程中，就是把中间断了的光纤再熔接起来；冷接就是相当于做水晶头那样，不需要熔纤机，使用类似水晶头作用的光纤冷接头来做。

347　怎样组建全屋光纤网络?

组建全屋光纤网络（FTTR）就是将光纤敷设到每个房间，搭配光终端设备为用户提供 2000Mbit/s 以上的网络传输速率。全屋光纤网络架构如图 8-14 所示。

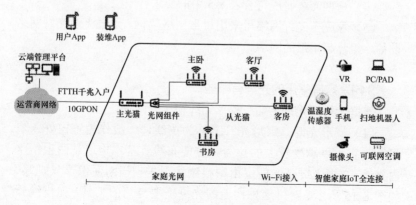

图 8-14　全屋光纤网络架构

由图 8-14 可知，全屋光纤网络架构还是从室外引入光纤到主光猫，然后再从主光猫分出其他光纤敷设到每个房间。在房间内设有能够连接光纤的光终端如 AP、路由器等，简单来说就是将原本家中的网线全部替换成光纤。相比于网线，光纤的传输速率更高，使用寿命高达 30 年，后续升级也不用重新布线，能够有效降低家庭组网的维护成本和复杂程度。

全光家庭对于用户体验的提升是显而易见的。光纤搭配 Wi-Fi 6 或者 Wi-Fi 7 的无线 AP，适合 VR、4K 视频、云游戏，甚至 8K 视频上网观看，再也不用被网速束缚。

348　室内光纤的敷设应注意哪些事项？

（1）为了防止光纤下垂或滑落，在每个楼层的槽道上、下端和中间，必须将光缆牢牢地固定住。通常情况下，可采用尼龙扎带或钢制卡子进行有效的固定。

（2）用油麻封堵材料将建筑内各个楼层光缆穿过的所有槽洞、管孔的空隙部分堵塞密封，并应采取加堵防火材料等防火措施，以达到防潮和防火的效果。

（3）敷设光缆时应当按照设计要求预留适当的长度，一般在设备端应当预留 5～10m，如有特殊要求再适当延长。

（4）弯曲光缆时应符合表 8-5 中的要求。

（5）家庭全光纤网络可采用星形网络架构，通过无源光纤网络设备，组建起星形的网络。

349　家庭常用的光纤有哪些？

家庭常用的光纤主要有蝶形光纤和尾纤两种。

（1）蝶形光纤。蝶形光纤又称为皮线，一般作为室内外入户光纤，它可以承受较大的拉力，方便布线。基本构造是两根钢丝内夹 1～2 根光纤芯，外层由塑料绝缘保护，横断面像一只蝴蝶，如图 8-15 所示。对付这种构造的光纤需要专门的工具，如皮线开剥器，可以轻松地做到在不损坏光纤的情况下夹断保护光纤芯的钢丝。

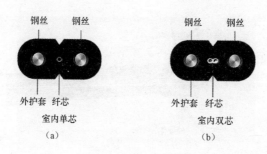

图 8-15　蝶形光纤截面

（a）室内单芯；（b）室内双芯

（2）尾纤。尾纤一般是指软质的光纤，它内部没有钢丝，但是有一层纺织层包裹加固，可以提供一定的机械性能，一端通过熔接与其他方法与室内光缆纤芯相连，一般用于连接室内的光缆，另一端有连接头，常用于连接光缆与光端设备，如图 8-16 所示。

图 8-16　尾纤

第 5 节　室内同轴电缆的敷设

350　同轴电缆的结构是怎样的？

同轴电缆由内导体、外导体、绝缘介质和防护套 4 部分组成，其结构如图 8-17 所示。

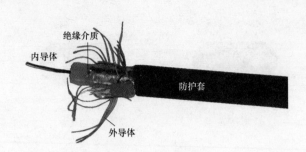

图 8-17　同轴电缆结构

（1）内导体。内导体的任务是传输高频电流。由于高频电流在导体中流过时存在趋肤效应，即只沿导体表面流过，在导体内部没有电流。因而内导体可做成空心金属管或采用铜包铝、铜包钢材料制成，一般内导体由实心铜导线制成。

（2）外导体。外导体除了传输高频电流外，还承担着屏蔽外界电磁干扰，防止电视信号外泄的作用。外导体除了电阻小以外，还应有较好的密封性能。外导体可以采用密编铜网，也可采用铝塑复合膜加疏编铜网，铜网要用镀锡铜丝编织，还有采用合金铝线编织的。较粗的电缆一般采用无缝铝管或氩弧焊接铝管作外导体。

（3）绝缘介质。绝缘介质的作用是阻止沿径向的漏电电流，同时也要对内外导体起支撑作用，使整个电缆构成稳定的整体。绝缘介质的介电常数越小，电缆的衰减量和温度系数（温度升高 1℃时电缆衰减量增加的百分数）也越小。目前常用的电缆有藕心电缆和物理发泡电缆。

（4）防护套。防护套用塑料做成，用以增强电缆的抗磨损、抗机械损伤、抗化学腐蚀的能力，对电缆起保护作用。用于室外的干线和支线电缆，一般采用抗紫外线的塑料护套；用于室内的电缆则采用阻燃的塑料作护套。按照护套的不同，可将电缆分为标准电缆、无护套电缆、埋地电缆、吊线电缆、铠装电缆。铠装电缆是在标准护套外缠绕一层钢带后再加一层护套，以增强电缆的防化学腐蚀、机械损伤和动物啃咬的性能。

351 同轴电缆的主要电气参数有哪些?

同轴电缆主要电气参数包括特性阻抗、衰减特性和温度特性。

（1）特性阻抗。同轴电缆的特性阻抗取决于内外导体的直径和内外导体间绝缘材料介电常数，有线电视系统中都采用损耗最小的75Ω电缆。

（2）衰减特性。衰减特性是指电缆在传输信号过程中会对其产生衰减作用。衰减是由导体损耗和介质损耗两部分组成，由于导体损耗的增加与频率的平方根成正比，介质损耗的增加与频率成正比，所以随着频率的升高，总损耗将增大。同轴电缆的衰减一般是指100m长的电缆段的衰减值。如 SYPFV-75-5 型同轴电缆在 50MHz 时，每 100m 衰减 4.6dB；在 300MHz 时，每 100m 衰减 11.5dB；在 550MHz 时，每 100m 衰减 16.8dB。

（3）温度特性。同轴电缆的损耗不但与工作频率有关，而且还随着使用环境温度的不同而变化。温度升高时损耗增加，一般电缆的温度系数为 0.2%/℃，即当温度变化 1℃时，电缆的衰减量一般有 0.2%的变化。如炎热夏天白天最高气温为＋40℃，寒冷冬天夜间最低气温为－10℃，这样同一根电缆夏天与冬天的温度差为 50℃，则电缆的衰减量变化为 50℃×0.2%/℃＝10%。如果一根同轴电缆干线全程衰减量为 180dB，则夏天的衰减量比冬天的衰减量多 18dB。

352 有线电视信号有何特点?

有线电视信号由宽带高频电视信号和综合数据信号混合组成。在有线电视系统中既能传输模拟电视信号，又能传输数字电视信号，还能传输各种数据信息。它的频带宽度可高达 1GHz，这是有线电视系统的一大优势。

有线数字电视信号是将模拟视音频信号与辅助数据经过数字化处理后，再进行信源编码（压缩编码）、信道编码（纠错编码）以及多路复用形成数字电视传输码流。传输码流中不仅有多套电视节目的视音频数据，还有区分每套电视节目的辅助信息。如果有线数字电视信号在传输过程中发生相位或幅度改变，均可造成数据包丢失，用户就收看不到被丢失的节目内容。因此数字电视对室内布线要求更严。

353 什么是分配器?

分配器是将一个输入口的信号大体均匀地分配到两个或多个输出口的装置,如图 8-18 所示。常用的有二分配器、三分配器和四分配器。

图 8-18 分配器

分配器有一个输入口和若干个输出口,分配器的主要技术参数有分配损耗、阻抗、相互隔离度(分配隔离度)、驻波比、反射损耗及频率特性。

分配器有时可反向使用,作为不同频道信号的混合器,反向使用时相互隔离度指标很重要,至少应在 22dB 以上。相邻频道混合时,相互隔离度应在 30dB 以上。

354 什么是分支器?

分支器跟分配器不同,它不是把信号分成相等的几路输出,而是从信号中分出一部分能量送到支路上或送给用户,分出的这部分比较小,主要输出部分仍占输入信号的大部分。分支器通常串接在分支线上,由一个主路输入端、一个主路输出端以及若干个分支输出端构成。

分支器中信号传输具有方向性,即只能由主路输入端向分支输出端传送信号,而不能反过来由主路输出端向分支输出端传送信号,因而常把分支器称为定向耦合器。

分支器的主要技术参数有插入损耗、分支损耗、相互隔离度、反射损耗、反向隔离及带内平坦度。要求分支器的平坦度为±0.5dB 内。

分支损耗越大，则插入损耗越小；反之，分支损耗越小，则插入损耗越大。另外，分支路数多，插入损耗大；分支路数少，插入损耗小。分支器如图 8-19 所示。

图 8-19　分支器

355　有线电视室内布线应采用哪种结构形式?

有线电视室内布线的结构形式主要有串联式分配结构与并联式分配结构两种。

串联式分配结构是指非专业人员为施工方便，就像布照明线一样布设有线电视电缆，它们从入户端（有线电视网络进户端）开始，由近及远，每途经过一个房间分出一路信号，供用户收看电视节目。这种形式可靠性不高，现在智能家居中没有采用。

为了克服串联式分配结构可靠性不高的缺点，室内布线宜采用并联式分配结构。并联式分配结构是从电缆入户端开始，不论房间的近或远，每间屋均布一根同轴电缆，这样虽然增加一些同轴电缆，但由于每一个用户终端盒互不影响，而且可根据房间的近远（即所用同轴电缆的长度不等）合理分配每个用户终端盒的信号电平，保证每间房屋的有线电视信号电平基本一致。

有线电视信号经过同轴电缆、分支器或分配器均会有衰减。信号衰减量的多少与同轴电缆的质量、型号及长度有关，质量差的同轴电缆对有线电视信号衰减值大、同轴电缆越长衰减值越大、同轴电缆越细衰减值越大，反之，则衰减值小；信号衰减量的多少与分配器分出电视信号的路数有关。

并联式分配结构可采用分配器输出，也可采用分支器输出，如图 8-20 所示。

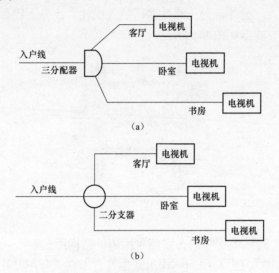

（a）

（b）

图 8-20　并联式分配结构

（a）用分配器输出；（b）用分支器输出

356　室内敷设同轴电缆时应注意哪些事项？

（1）合理规划，采用并联式分配结构。用户在进行家庭装修或新建房屋时，应考虑有线电视电缆的合理铺设，为将来在各个房间都可以享受到有线电视的多功能服务预留出冗余线路。在布线设计上宜采用并联式分配结构或称星型集中分配结构。

（2）选用合格的同轴电缆及其他材料。用户自行或找非专业人员进行室内有线电视布线时，应购买有入网认证资格的器材。有线电视电缆是室内布线的关键材料，劣质同轴电缆其网状屏蔽层太稀疏，不严密，无法抑制外来的电磁干扰；内部铜芯太细，高频信号线路损耗严重超标；外护套为再生塑料，绝缘介质也不符合标准。在选用电缆时，千万不能图便宜，最好选用四屏蔽 75-5 型同轴电缆；用户终端盒应选用螺纹式 F 型接口的用户端口；分配器应选用高隔离和高带宽（≥850MHz）的器件，这些都利于有效地抑制电磁干扰，提高信号的质量。

（3）讲究施工工艺，采用管道敷设。在施工工艺上，有些非专业人员由于有线电视专业知识不足，通常将有线电视电缆与照明电路同管铺设，或捆在一起，共用接线盒，容易引起电源干扰；或是有线电视电缆弯曲半径过小或用木卡固定，使电缆受压变形造成信号失真；或是钻孔、钉钉造成断线或短路；或是将分配器、分支器的输入与输出端接反，或是不用分配器、分支器直接用胶布并线连接分配信号，造成各终端之间互相干扰和信号失真。因此，在施工中一定要杜绝上述现象的发生，将有线电视电缆应与照明电源线分槽分管布放，而且尽量不要和照明电源线紧靠平行布放，两者距离应在 20cm 以上，以防止交流电产生的电磁场干扰。所有的同轴电缆均需用 PVC 管套装敷设，这样既可以保护线路，又便于检修，穿线过程中应尽量避免同轴电缆扭绞和 90°的直弯。确保每间房屋的有线电视信号电平基本一致。

第 6 节　音、视频线敷设技能

357　什么是音频线？常见的音频线有哪些？

音频连接线，简称音频线，是用来传输声音的线，由音频电缆和连接头两部分组成，其中音频电缆一般为双芯屏蔽电缆，连接头常见的有 RCA（俗称莲花头音频线）、卡农头（XLR）和 3.5mm（小三芯）接头、6.35 接头（大三芯 TRS 与大二芯 TS）等。

音频线有话筒线和音箱线两种专用线。

（1）话筒线。话筒线又称麦克风线，是一种两芯的同轴线，用于连接功放与话筒。因为话筒的工作电压极微弱，所以在线材屏蔽上显得格外重要。但由于无线话筒的兴起，此种线的发展越来越窄。

（2）音箱线。音箱线俗称喇叭线，它是连接控制扩音机或功放到音箱的连接线，鉴于推动功率大，故而线径很粗。为了保证高音频通过和减小电阻衰减，大多是镀银、镀金的铜线或铜银合金线。人们在科学实验的过程中发现导线的铜质对音频信号的传输质量有影响，铜导线的质地越纯，传输的效果就越好，所以音箱线多采用基本不含氧化物（杂质）的铜线。

358 什么是平衡接法？什么是不平衡接法？

音频的连接分为平衡接法和不平衡接法两种。

（1）平衡接法。平衡接法就是用两条信号线传送一对平衡的信号的连接方法，由于两条信号线受的干扰大小相同，相位相反，最后将使干扰被抵消。由于音频的频率范围较低，在长距离的传输情况下，容易受到干扰，因此，平衡接法作为一种抗干扰的连接方法，在专业设备的音频连接中最为常见。在家用电器的连接线中也有用两芯屏蔽线作音频连接线的，但是，它传输的是左右声道，是两个信号，不属于平衡接法。

（2）不平衡接法。不平衡接法就是仅用一条信号线传送信号的连接方法，由于这种接法容易受到干扰，所以只一般在家用电器上或一些要求较低的情况下使用。具体的接法以 XLR 接头为例：如果采用平衡接法，则将 1 脚接屏蔽，2 脚接头端（又称热端），3 脚接另一端（又称冷端）；如果采用不平衡接法：则将 1 脚和 3 脚相连接屏蔽，2 脚接头端（信号端）。

359 敷设音箱线时应注意哪些事项？

（1）音箱线在安装时不能过长，一般为 2～3m。另外，音箱线一般是多股线，有 50～500 芯多种规格，主音箱一般选用 200 芯以上的音箱线。

（2）环绕音箱用 50～100 芯的音箱线。

（3）音箱线布线时，应用 PVC 线管进行埋设，但不能与强电同管。

360 什么是视频线？常见的视频线有哪些？

视频线用于传送视频信号，它是用来传输视频基带模拟信号的一种同轴电缆；或者说是用来连接视频设备的线，由于视频接口不同，因而视频线也不同，对于家庭用户主要有以下几种。

（1）复合视频线。复合视频信号是目前最普遍的一种图像信号，几乎每台电视机、DVD、VCD 等视频产品均有这个输入或输出接口。它包含了亮度、色度和同步信号。

（2）色差视频线。色差信号也叫分量信号，同时传送 3 路信号：①亮度信号 Y，只包含黑白图像信息；②B-Y 信号 Pb，即蓝色信号与亮度信号的差；③R-Y 信号 Pr，即红色信号与亮度信号的差。色差信号实际也是亮色分离信号，采用莲花插座（RCA 插座），用绿、红、蓝标识，其中绿色端口代表 Y 信号。

（3）S 视频信号线。S 视频信号（S-Video）接口可说是 AV 接口的改革，在信号传输方面不再将亮度与色度混合输出，而是分离进行信号传送，所以又称二分量视频接口。与 AV 接口相比，S 视频信号接口将亮度和色度分离，所以图像质量优于复合视频信号，色度对亮度的串扰现象也消失。

（4）HDMI 接口与连接线。HDMI 的意思是高清晰度多媒体接口（Hi-Defintion Multimedia Interface）。它可以提供高达 5Gbit/s 的数据传输带宽，可以传送无压缩的音频信号及高分辨率视频信号，同时，无需在信号传送前进行数/模或者模/数转换，可以保证最高质量的影音信号传送。

第 7 节　数字电视机顶盒安装

361　什么是数字电视机顶盒？

数字电视机顶盒（Set-Top Box，STB）是一种将数字电视信号转换成模拟信号的变换设备，它把经过数字化压缩的图像和声音信号解码还原成模拟视音频信号送入普通的电视机。

数字电视按照传输途径分为卫星、有线和地面 3 种方式，于是有 3 种适用于不同传输网络的数字电视机顶盒。

随着 3 网融合的深入发展，生产企业推出内置家庭智能网关和Wi-Fi 路由器的 4K 高清数字有线智能机顶盒，支持 PON＋EOC 解决方案，为广电用户提供灵活交互服务。如蜂助手极光电视机顶盒是一款可 4G 上网的 4K 高清电视机顶盒，型号 S1H，主要功能 4G 上网（免拉宽带）＋内置腾讯超级 VIP 会员（多端共享超级会员）＋自带 Wi-Fi 路由＋有线电视直播（部分地区）＋Aqara 智能家居 ZigBee 网关，如图 8-21 所示。

图 8-21　蜂助手极光电视机顶盒

362　什么是网络电视机顶盒?

　　网络电视的机顶盒大体上可以分为电信运营商提供的 IPTV 机顶盒和节目内容提供商提供的网络机顶盒两类。通常电信运营商 IPTV 机顶盒只能够接光猫的 IPTV 端口来使用，网络机顶盒除了光猫的 IPTV 端口无法使用之外，任何网络接口均可用来视频观看。

　　IPTV 一般是指交互式网络电视，它是一种利用宽带网，集互联网等技术于一体，向家庭用户提供多种交互式服务的崭新技术。能够很好地适应当今网络飞速发展的趋势,充分有效地利用网络资源。

　　IPTV 是一种新型宽带增值应用产品，它以宽带网络为传输渠道，以电视机为显示终端，集互联网、多媒体、通信等多种技术为一体，提供电视直播、点播、娱乐等多种交互式视频服务，是全新的家庭多媒体业务。

　　国家广播电视总局网站 2022 年 6 月 21 日公布《关于进一步加快推进高清超高清电视发展的意见》，其中提出，各 IPTV 运营服务机构应大力推广普及 IPTV 高清超高清机顶盒，要采取有效措施，保证高清超高清电视技术质量符合国家和广电行业标准规范，对于不符合标准的 IPTV 机顶盒，应逐步更新替代。自 2022 年 7 月 1 日起，具备条件的 IPTV 运营服务机构，可结合本地实际逐步停止传输标清频道信号；自 2023 年 1 月 1 日起，IPTV 新增机顶盒应全部为符合标准的超高清机顶盒；到 2025 年年底，全国 IPTV 标清频道信号基本关停，高清超高清机顶盒全面普及。

363 有线数字机顶盒和网络机顶盒有什么不同？

（1）传送网络与媒体不同。有线数字机顶盒是有线电视台通过有线电视网，利用光纤和同轴电缆传输电视节目；网络机顶盒是电信运营商或节目内容提供商通过互联网的光纤和网线传送电视节目。

（2）传送格式不同。数字电视是 MPEG2 压缩编码传送的，目前线路质量高、图像清晰。网络电视传送格式多种多样，可以是 MPEG2，也可以是 RMVB 或 MWV，图像可以做到更高清晰度。

（3）配置不同。数字电视要用专用的数字电视机顶盒和高清电视机收看，网络电视有一台计算机就可以了，当然也可以用专用的网络电视机顶盒和电视机收看。

（4）功能不同。有线数字机顶盒可收看全国卫视频道及地方频道，标清或高清画质，4K 或分辨率较高电视需要开通高清服务功能享受高清画质，且能享受更宽泛的影视剧，而点播功能、回看功能、交互功能则比不上网络电视。网络电视不受时间限制，可以任意点播，互动功能超强，但电视直播需要保证网络环境通畅，否则会产生卡顿或马赛克现象。

（5）经营部门不同。数字电视属于广电部门经营，网络电视属于电信部门经营。

364 智能电视机怎样收看电视台的节目？

（1）安装有线数字电视机顶盒或 IPTV 机顶盒，再从机顶盒 HDMI 输出接入智能电视机对应 HDMI，打开电视机选信号输入栏目里的 HDMI 连接成功。可用机顶盒遥控器选电视台的频道。

（2）安装看直播电视节目软件，方法是用 U 盘在网上搜索电视直播软件并下载，然后将 U 盘直接插入智能电视中进行安装就行。

（3）安装好飞视浏览器，可以利用百度搜索网页，虽然浏览器功能很简陋，但是能满足简单的上网需求；然后搜索一个电视直播软件官网，如电视家，输入后，就能直接进入电视家的官网了；之后屏幕中会出现一个鼠标，可以使用遥控器操纵；选择电视家 3.0TV 版，点击安装，就能把它下载到智能电视机中了。

365　安装有线数字电视机顶盒用户终端的技术指标是什么？

安装有线数字电视机顶盒时，应使用户终端的技术指标达到：①平均功率 $47\sim67$dBμV；②相邻数字频道$\leqslant$3dBμV、任意数字频道$\leqslant$13dBμV；③$C/N\geqslant$31dBμV；④MER$\geqslant$30dB；⑤EVM$\leqslant$1.6%；⑥BER$\leqslant$10-4（RS 纠前）。

366　安装有线数字电视机顶盒应注意哪些事项？

安装有线数字电视机顶盒除注意用户终端的技术指标外，还应注意以下几点。

（1）选用有线数字电视机顶盒的背面高清晰度多媒体接口（HDMI）与电视机对应接口，用 HDMI 专用线连接。

（2）安装交互式有线数字电视机顶盒前要确认有线电视网络是否开通 EPON 网。如果是 EPON 网，则选择安装基本型交互式有线数字电视机顶盒，用网线插入机顶盒内。

第 8 节　智能影音娱乐安装与调试

367　家庭影院由哪几部分组成？

家庭影院又称私人家庭电影院，是一种在家庭环境中收看影视节目的播放系统，不仅可以看电影、听音乐、唱卡拉 OK，还可以通过高清数字电视机顶盒看高清晰度电视节目。

一个好的家庭影院除了与音响效果有关外，还与家庭影院的声学装修设计处理有着直接的关系，只有二者相辅相成，才算设计好的一套家庭影院。家庭影院系统融合了现代视频技术、音频技术、声学处理技术和现代物联网技术等。

　　家庭影院由音频系统与视频系统两大块组成，音频系统包括 DVD 影碟机、AV 功放、多声道音响，而视频系统由高清投影机与投影幕组成，也有客户使用大屏幕高清电视机代替。家庭影院的配置应包括 5.1 声道或 7.1 声道音箱、AV 功放、蓝光播放机或 DVD 影碟机、投影机、投影幕及中控系统等。家庭影院系统组成如图 8-22 所示。

图 8-22　家庭影院系统的组成

368　什么是 4K 高清电视？什么是 8K 高清电视？

（1）4K 电视指的是电视机的显示屏分辨率为 3840×2160 及以上的超高清电视，宽高比 16:9，约 830 万像素，其分辨率是高清的 8 倍、全高清（2K）的 4 倍。在这样的高分辨率之下，观众能看清楚电视画面中的每一个特写和细节，拥有身临其境的观感体验。

（2）8K 高清电视是指分辨率能够达到 7680×4320，有相应的解码芯片支撑的电视，而且 8K 电视在分辨率上是全高清电视的 16 倍，是 4K 电视的 4 倍。从水平观看角度方面考虑，8K 电视的观看水平能够达到 100°，但是全高清电视和 4K 电视则只有 55°。无论是 4K 高清电视还是 8K 高清电视，都属于下一代电视视频技术。

369　什么是激光电视？它有哪些优势？

激光电视是采用激光光源、配备专业抗光增益屏幕，可收看广播电视节目，也可以通过内置的 App 点播互联网内容。它以反射式成像的技术并结合 DLP 数字电影放映技术为用户带来大屏震撼、光源纯净、色彩鲜明、舒适护眼的最佳观看体验。

激光电视有三大核心优势。

（1）大屏震撼。4m 观看距离即享百英寸（254cm，一般指屏幕对角线的长度）大屏，离屏幕越近，画面大小越接近真实，震撼感越强，每一个故事情节仿佛发生在眼前。

（2）健康护眼。激光电视采用菲涅尔无源仿生屏幕，无需通电，模拟自然界光线反射成像，以避免光线直接射入眼睛，环保护眼。

（3）色彩真实。激光光源是迄今为止色彩最纯正的光源；激光电视采用激光光源，从源头保证色彩还原更加真实。

370　激光电视和液晶电视有什么区别？

（1）激光电视与传统液晶电视相比，体积小，屏幕大，安装方便。传统液晶电视主流是 55～75 英寸，屏幕越大价格越昂贵，同时受限于楼道、电梯等空间，大屏幕液晶电视搬运不方便，还担心容易损坏；而激光电视与投影仪类似，更轻巧，安装也十分方便。

（2）主流的激光电视都配备有 100 英寸的抗光屏幕，相比同样屏幕的液晶电视，价格优势十分明显；且 100 英寸以上屏幕的液晶电视，市场上也比较少见。

（3）激光电视属于超短焦投影仪，因此如果想观看更大屏幕，只需要更换抗光屏幕、调整焦距即可，而不需要更换主机，价格也便宜。

（4）激光电视和投影仪最大的优势是采用漫反射，与液晶电视的直射相比，对眼睛的刺激更小，画面也更加真实和柔和。

（5）激光电视更加节能省电，以 100 英寸画面为例，激光电视机功耗通常不到 300W，是同尺寸液晶电视的 1/2～1/3，节能环保的优势巨大。

371　怎样进行影音室的声学处理？

对影音室进行声学处理，首先考虑房间整体尺寸要达到黄金比例，即影音室的长、宽、高的比例不成整数倍的关系，而采用 1.618:1:0.618，如长 7m、宽 4.33m、高 2.67m，这样才能使房间内的驻波影响降低，让音质发挥得更好。

其次要进行隔声设计和隔振设计。隔声设计是隔离房间四周的噪声，使房间内外不致干扰，并使声音扩散，还要有适当的吸声，以免声波往复反射激发出某些固有频率（简正频率）的声音干扰，造成声染色；隔振就是减少固体传递的振动辐射噪声的一种措施。声音在固体中传播的速度要高于液体和气体中的传播速度，因此，固体声音更容易传进室内。固定在墙上的空调、地面上的电动机和汽车、火车车轮的振动，都会引起门窗和墙体的振动，从而向室内辐射噪声。

对影音室的声学处理，重点在侧墙和天花板。原则上室内声波的处理扩散应多于吸收，目的是使共振强度降低，要防止过度使用吸音材料，以免房间的混响时间太短（0.3s）而使声音干涩不圆润。对音箱后面的墙壁，最好不要有大片吸声物质，通常不需作处理，砖墙或水泥墙面会使声音饱满，充满活力。侧墙可均匀适当地设置一些吸声和扩散物，如厚重的羊毛毯就是极好的全频吸声物体，木制无门书柜则是一种很好的声音扩散物，用来调整低频有很好的效果。此外，桌、椅、床垫、沙发等家具都能对声音的传播起调整作用，都可用作声学处理。

薄的地毯、挂帘、壁毯等主要对中、高频有吸收作用，对低频的吸声作用很小，太多使用会导致房间里的中、高频声音的混响时间偏短，使得声音缺乏色彩，不够明亮。木质墙裙等木板可有效吸收低频，但在安装时要与墙壁间留有适当空隙，必要时在其间还要放置吸声材料。但切记不能把大量的夹板钉在墙上，也不要大量在房间里敷贴吸声毯和帷帘。否则，由于高频被大量吸收，会造成声音死板发干，细节减少，以及音量的减小。

架空的木地板对低频有吸收作用，在房间较小时可以防止低频声音过度。如果房间里声音的低频发出轰鸣声，可在地板近反射声的反射点附近铺设厚重的羊毛地毯。

372 怎样摆放影音室音箱?

在家庭影院音频系统设计时，音箱的摆放分 5.1 声道、7.1 声道和 9.2 声道 3 种，7.1 声道的音箱摆放如图 8-23 所示。在任何情况下，音箱的摆放应要遵守以下原则。

（1）直射式全频音箱尽量避免界面反射。为了减少低音反射声的不良影响，在摆放直射式低音音箱时，不要将音箱直接放在地面或位于紧靠墙角的位置，最好用金属架将音箱垫高 40cm。

（2）气流式低音音箱可以利用地面反射。气流式音箱是扬声器的声音不直接向外辐射的音箱，即扬声器振膜（纸盆）不直接与空气耦合的音箱。

（3）听音区域要充分获得音箱的直达声。直达声是从音箱发出直接到达听音者的声音，其主要特点是音色纯正。

（4）音箱摆放与房间中心轴线要对称。音箱应摆放在与房间中心轴线对称的位置上，才能为室内提供一个理想、和谐与对称的声场。

（5）音箱箱体容积与房间容积要相适。小房间中最好使用小箱体音箱放音，大房间可以使用大箱体音箱放音或多只音箱组合成阵的方式放音。

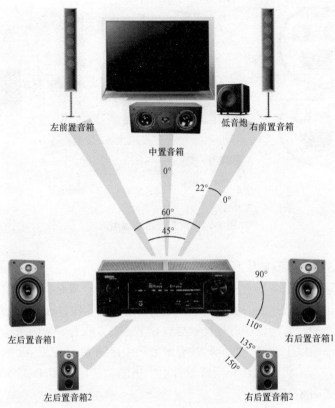

左前置音箱 中置音箱 低音炮 右前置音箱

0°

22°

0°

60°

45°

90°

110°

135°

150°

左后置音箱1 右后置音箱1

左后置音箱2 右后置音箱2

图 8-23 7.1 声道音箱的摆放

373 家庭背景音乐由哪些部分组成?

家庭背景音乐系统是将多个音源(收音机音源、DVD、MP3、计算机音源)通过合理的布线,隐藏安装接入各个区域(房间)及任何需要的地方(包括浴室,厨房),通过背景音乐主机或各个区域的智能遥控器就能够个性化的控制背景音乐专用音箱,实现多种音源同时播放并且每个区域(房间)能独立控制开关以及音量大小、高低音和音源的选择。该系统还增加了闹钟功能,构成多音源多音区的家庭背景音乐,用户在家中随时随地都能欣赏自己喜爱的音乐。

家庭背景音乐系统主要包括音源部分、控制器部分及音箱部分3 个部分,如图 8-24 所示。

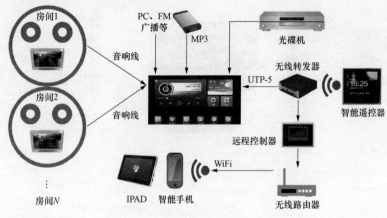

图 8-24　背景音乐系统组成

374　家庭背景音乐主机有哪些功能?

家庭背景音乐主机又称背景音乐控制器，一般是指对背景音乐音箱进行有效控制的设备，具有控制音量大小、曲目选择、电源开/关等功能，有的还能进行视频播放、电子书、收音、数码录音等功能。下面以宁波向往智能科技有限公司生产的 MusicPad 4S 型智能背景音乐主机为例，介绍背景音乐主机的功能。MusicPad 4S 智能主机如图 8-25 所示。

向往 S8 的安装接线

图 8-25　MusicPad 4S 智能主机

（1）MusicPad 4S 采用全新分离式圆弧设，机身可取下来当做平板电脑使用，集 KTV 点歌机、电视音响、AI 语音助手、背景音乐主机、智能中控等多种功能于一身，随用随取。

（2）采用 Wi-Fi6 协议，2.4G/5G 双频 Wi-Fi，抗干扰能力强。Wi-Fi 无线信号稳定，传输速度高，还可让设备更省电，满足大数据无线传输需求。

（3）支持本地音乐、蓝牙音乐、网络音乐、外部音源、光纤传输的数字音频等多种音源选择，光纤传输的数字音频，抗干扰能力强，音质效果更好。

（4）MusicBox 4S 标配 8 个喇叭，采用四分区、双音源设计，在使用时，不同分区可以播放不同音乐。除此以外，主机中内置在线曲库 2 千万首，包括最潮的抖音神曲、经典流传的京剧戏曲、风靡的儿童歌曲等。

（5）多重功能搭配多重控制方式，MusicBox 4S 不仅仅是家里的智能控制中心，还是家中的影音中心。它支持灯光、窗帘、中央空调场景联动，支持人体感应和红外遥控，与米家、涂鸦达成深度合作，海量正版音频资源在线点播，歌曲、相声、新闻、电台音乐、有声小说、儿童故事、音频栏目应有尽有。具有手机 App、触摸屏、语音助手、旋钮四大控制方式，支持自定义语音唤醒词，让智能生活更便捷。

375　家庭背景音箱有哪几种？

目前家庭背景音乐所采用的音箱主要有吸顶音箱、壁挂音箱（嵌入式）、平板音箱（壁挂形式）、草地音箱等几种。其中吸顶音箱是目前使用比较多的一种音箱，如向往吸顶音箱 750 采用高中低音独立三分频设计，声音更富层次感；高音亮，中音稳，低音沉；无边网罩设计，简洁百搭；磁吸式网罩，拆装便捷；ABS 材质机身，防潮防霉，持久耐用；铜接线柱，性能稳定，减少失真。

376　怎样安装吸顶式音箱？

安装好的吸顶式音箱如图 8-26 所示，安装吸顶式音箱的步骤如下。

（1）天花板按说明书规定的尺寸开孔。

（2）如果是石膏板，则需加支架加固。

（3）卸下吸顶音箱的网罩。

（4）将吸顶音响装入天花板内，接好电源线和音频线。

（5）安装好扬声器。

（6）装上网罩，通电即可连接。

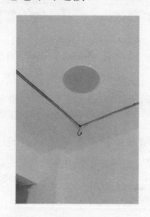

图 8-26　安装好的吸顶式音箱

377　怎样敷设音箱线？

音箱线是传输声音信号的，它一端连接 AV 功放机或背景音乐主机，一端连接音箱。由于音箱线本身不具备屏蔽层，因此很容易受到干扰。所以音箱线应该安排专用线槽，避免与电源线共用。音箱线走明线主要是要兼顾美观和音响效果，通常靠墙布线。最好不要使用塑料线卡，安装线槽会比较美观。

378　功率放大器怎样配接音箱？

家庭背景音乐中功率放大器与音箱的配接以及家庭影院中功率放大器与音箱的配接都很重要，是系统设计中要考虑的问题之一，也是容易忽略的问题。

音频功率放大器或 AV 功率放大器与音箱的正确配接是发挥功

放效能和提高音箱音质音量的一个重要问题，主要做到阻抗匹配与功率匹配。

（1）阻抗匹配。阻抗匹配是要求功率放大器输出阻抗和音箱输入阻抗相匹配。这时功率放大器能输出最大功率并且失真最小，传输效率最高。当负载阻抗过大或过小时会产生失配现象。当音箱阻抗不能和音频功放匹配时，可以用串联或并联音箱（或串、并联相应电阻）的方法，使外接总负载电阻与音频功放达到匹配。音箱的阻抗不应小于功放额定负载阻抗，特别注意不要使音箱短路（高阻抗输出音频功放还应尽量不使音箱开路），以免造成音频功放损坏。

（2）功率匹配。功率匹配是指音箱的额定功率要与 AV 功率放大器的额定输出功率相匹配。音箱的额定功率过小易使音箱内的扬声器烧毁，音箱额定功率过大，会因信号的激励不足而造成音轻和非线性失真。一般来说，音箱的额定功率比 AV 功率放大器的额定功率小 1/4 左右比较合适，即 130W 的 AV 功放推动 100W 的音箱，这样既可以推动音箱全力工作，又可以保证器材的安全。因为一般音箱都有一定的抗过载能力，其允许值可超过额定功率的 1.5 倍左右，故按上述方法进行功率配接是比较安全的。

第 9 章

智能终端安装与调试

第 1 节 绘制 CAD 施工图

379 什么是 CAD 软件?

CAD 是一款自动计算机辅助设计软件,可以用于绘制二维制图和基本三维设计,通过它无需懂得编程即可自动制图。CAD 被广泛应用于土木建筑、装饰装潢、城市规划、园林设计、电子电路、机械设计、服装鞋帽、航空航天、轻工化工等诸多领域。CAD 绘制的图形有平面图、轴测图及立体图 3 种。

380 CAD 软件的基本特点是什么?

(1) 有完善的图形绘制功能。

(2) 有强大的图形编辑功能。

(3) 可以采用多种方式进行二次开发或用户定制。

(4) 可以进行多种图形格式的转换,具有较强的数据交换能力。

(5) 支持多种硬件设备,有手机版本。

(6) 支持多种操作平台。

(7) 具有通用性、易用性,适用于各类用户。

381 CAD 软件在安装智能家居时有何作用?

CAD 软件在安装智能家居的作用主要是便于在电脑上审核、修改、绘制施工工程图,安装智能家居一般要审核装修公司发来的施工图纸,看看哪些部分是和安装智能家居有关的部分,比如房屋天花板高度、灯具安装位置、强电、弱电布线图等,审核后可在图上标记出在房间什么位置需要安装哪些智能终端设备，这些智能设备安装时有哪些注意事项？对那些不能安装智能插座或其他智能终端的位置，要在图纸上进行修改，最后打印出正式的智能家居安装施工图纸，供施工人员使用。

382　怎样下载安装 CAD 软件？

下面以中望 CAD 2023 软件为例介绍如何在电脑上下载并安装软件。

（1）打开中望官网 https：//www.zwcad.com。

（2）在中望官网上点击"下载"找到中望 CAD2023"免费下载"按钮，如图 9-1 所示。

图 9-1　中望 CAD 2023 "免费下载" 按钮

（3）点击"免费下载"，出现如图 9-2 所示页面。

图 9-2　点击 "免费下载" 按钮后

（4）点击"32 位下载"或"64 位下载"（本例点击"64 位下

载")后，在电脑上选择下载文件夹，下载中望 CAD 2023 安装文件。下载的安装文件如图 9-3 所示。

20210427_125948.m4a	2021/4/27 13:06	MPEG-4 音频	970 KB
ZWCAD_2023_Chs_Win_64bit.exe	2022/7/11 10:56	应用程序	156,640 KB
新建 DOC 文档.doc	2022/1/12 16:24	DOC 文档	9 KB

图 9-3　下载的中望 CAD 2023 安装文件

（5）双击所下载的中望 CAD 2023 安装文件，出现图 9-4 所示"立即安装"界面。

图 9-4　"立即安装"画面

（6）在图 9-4 的左下方编辑软件的安装路径，在同意方框内打勾，在右下方点击"立即安装"，在电脑上会出现安装进度界面，如图 9-5 所示。

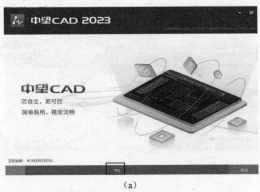

(a)

图 9-5　安装进度界面（一）

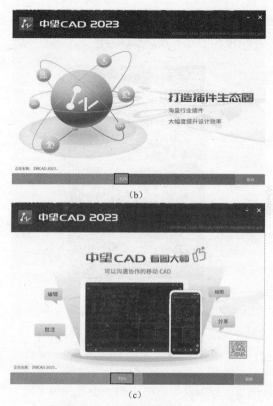

（b）

（c）

图 9-5　安装进度界面（二）

（7）中望 CAD 2023 软件安完成后，出现如图 9-6 所示界面。

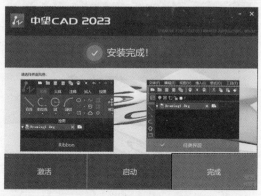

图 9-6　中望 CAD 2023 软件安完成后所示界面

（8）在图 9-8 的右下方点击"完成"字样，软件即安装完毕，电脑桌面上会出现如图 9-7 所示快捷方式。

图 9-7　中望 CAD 2023 软件快捷方式

（9）在电脑桌面上点击中望 CAD 2023 软件快捷方式，出现填写个人信息界面，如图 9-8 所示。如果不想填写个人信息，可以点击右上角的"×"跳过此步骤。

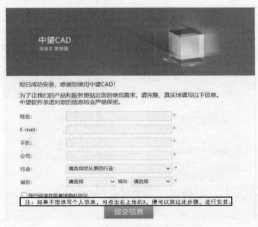

图 9-8　填写个人信息界面

（10）若选择填写个人信息，则填写完毕后点击"提交信息"字样，出现如图 9-9 所示画面。

图 9-9　填写个人信息后出现的画面

（11）在电脑桌面上再次双击中望 CAD 2023 软件快捷方式打开软件，出现临时试用 30 天画面，如图 9-10 所示。

图 9-10　中望 CAD 2023 软件试用 30 天画面

（12）在图 9-10 所示画面左下方，点击"试用"字样即可进入中望 CAD 2023 软件，如图 9-11 所示。

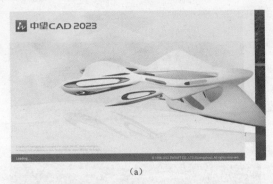

（a）

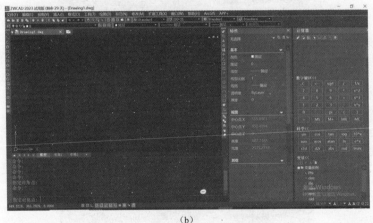

（b）

图 9-11　进入中望 CAD 2023 软件

（a）加载画面；（b）主界面

383　CAD 软件有哪些基本功能？

（1）工程绘图功能。CAD 是能以多种方式创建直线、圆、椭圆、多边形、样条曲线等基本图形对象的绘图辅助工具，提供了正交、对象捕捉、极轴追踪、捕捉追踪等绘图辅助工具。CAD 的工程绘图功能如图 9-12 所示。正交功能使用户可以很方便地绘制水平、竖直直线，对象捕捉可帮助拾取几何对象上的特殊点，而追踪功能使画斜线及沿不同方向定位点变得更加容易。

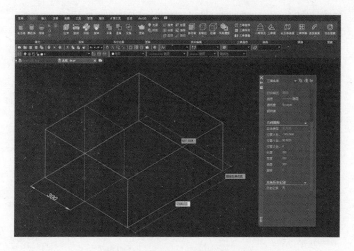

图 9-12　CAD 的工程绘图功能

（2）编辑图形功能。CAD 具有强大的编辑功能，可以移动、复制、旋转、阵列、拉伸、延长、修剪、缩放对象等。并可标注尺寸，创建多种类型尺寸，标注外观可以自行设定；能轻易在图形的任何位置、沿任何方向书写文字，可设定文字字体、倾斜角度及宽度缩放比例等属性。

（3）图纸管理功能。使用传统文件夹方式管理图纸耗时且繁琐，在建筑行业尤甚，二次操作需要依次打开每张图纸才能完成，无形中增加了设计师的工作量。针对图纸管理的一系列痛点，CAD 在新版本中加入了图纸集工具。设计师可通过图纸集面板管理、查看、打开图纸，也可快速进行图纸归档和打印出图，在提升工作效率的同时，降低图纸管理成本。

（4）几何造型功能。利用线框、曲面和实体造型技术显示三维形体的外形，如图 9-13 所示，并且利用消隐、明暗处理等技术增加显示的真实感。

（5）计算机和分析功能。CAD 系统具有根据产品的几何模型计算物体的物性，如体积、质量、重心、转动惯量等，对产品进行工程分析提供必要的参数和数据。同时 CAD 系统还具有对产品的特性、强度、应力等进行有限元分析的能力。

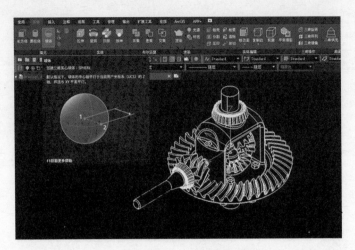

图 9-13　显示三维形体的外形

第 2 节　智能传感器的安装与调试

384　什么是温湿度传感器？安装温湿度传感器要注意哪些事项？

温湿度一体传感器是指能将温度量和湿度量转换成容易被测量处理的电信号的设备或装置。智能家居中的无线温湿度传感器可以实时回传不同房间内的温湿度值，然后根据需求来打开或关闭各类电气设备，如空调、加湿器。Aqara 温湿度传感器如图 9-14 所示。

温湿度传感器的
安装与设置

图 9-14　Aqara 温湿度传感器

安装 Aqara 温湿度传感器时有以下注意事项。

（1）距离网关不要太远，安装前先按一下重置按钮，听到网关提示连接正常方可安装。

（2）可以粘贴、摆放安装。

（3）尽量不要放在容易淋雨、水蒸气弥漫的地方。

（4）尽量不要安装在冰箱内、厨房和卫生间。

385　如何将温湿度传感器添加到网关上？

下面以 Aqara 温湿度传感器为例介绍。先将 Aqara 温湿度传感器靠近网关，打开 App，在网关的设备页面点击选择"添加子设备"，然后选择"Aqara 温湿度传感器"，根据页面提示操作，直至网关发出提示音，表示设备添加成功。

如果不想使用或者想添加到其他网关下，可以长按重置按钮 5s 以上直到指示灯闪烁 3 次，此时网关会发出语音提示"设备已删除"

386　什么是烟雾报警器？安装烟雾报警器要注意哪些事项？

烟雾报警器是一种将空气中的烟雾浓度变量转换成有一定对应关系的输出信号的装置，主要用于及时监测家庭火灾的发生，尤其是在火灾初期、人不易感觉到的时候进行报警。Aqara 烟雾报警器如图 9-15 所示。

图 9-15　Aqara 烟雾报警器

安装 Aqara 烟雾报警器时有以下注意事项。

（1）报警器应与照明设备保持 50cm 以上距离。

（2）当橱柜靠近天花板时，报警器应与橱柜保持 60cm 以上距离。

（3）报警器应与换气扇、空调和通风口保持 150cm 以上距离。

（4）使用粘贴安装方式时，须确保与双面胶接触的表面光滑、平整、干燥、洁净。

（5）漏装电池时，报警器无法正常安装。

387 哪些位置不适合安装烟雾报警器？

烟雾报警器不适合安装在易产生非火灾烟或者蒸汽的地方，不要安装在温度处于－10℃以下或 55℃以上的地方。

烟雾报警器不适合安装在没有抽油烟机的厨房中，当安装在厨房中时，请与灶台保持 100cm 以上的水平距离。

388 怎样检验烟雾报警器工作是否正常？

下面以 Aqara 烟雾报警器为例说明。Aqara 烟雾报警器（NB-IoT版）无需网关接入，即可工作。发生火灾时经常会切断电源，防止触电风险，NB-IoT 烟感依然可以远程报警。

NB-lot 版烟雾报警器上的按键同时也是指示灯，按一次可以触发消音及自检功能。自检时，红黄绿灯各闪烁一次，鸣音一次，表示设备正常；长按按键 5s 以上，启动模拟火警，发生警报（红灯闪烁 3 次为一组，鸣音响起 3 次为一组），释放按键即停止模拟火警。

389 什么是天然气报警器？安装天然气报警器有哪些注意事项？

天然气报警器是一款探测天然气泄漏的家用可燃气体探测器，当监测区域天然气（主要成分是甲烷）浓度达到报警值时，报警器将立即发出声光报警信号，并通过已连接的 ZigBee 网关向 App 发送通知。Aqara 天然气报警器如图 9-16 所示。

安装 Aqara 天然气报警器时有以下注意事项。

（1）不应安装在室外。

图 9-16　Aqara 天然气报警器

（2）与燃具或阀门的水平距离不得大于 4m，且不要安装在燃具正上方。

（3）应与换气扇、空调和通风口保持 1.5m 以上距离。

（4）不应安装在温度−10℃以下或 55℃以上的地方。

（5）推荐使用螺钉方式安装。

（6）使用粘贴方式安装时，须事先清洁安装表面，确保与双面胶接触的表面光滑、平整、干燥、洁净；勿将设备粘贴在油漆等涂料的表面，否则一段时间后容易发生起皮导致设备脱落。

390　天然气报警器怎样连接电源适配器和电磁阀？

下面以 Aqara 天然气报警器为例说明。

（1）壁挂安装时，电源适配器和电磁阀线缆可从探测器右侧引线口引出。

（2）吊顶安装时，电源适配器和电磁阀线缆可从安装板中央预留孔引出，隐藏到吊顶上方。

391　天然气报警器添加失败可能的原因是什么？

（1）操作错误，可根据说明书或 App 中指示，重新添加设备。

（2）设备与网关之间距离太远，建议不超过 20m，可将设备靠近网关后重试。

（3）设备与网关之间阻挡太多，建议不超过两堵墙，可将设备靠近网关后重试。

（4）当前网关不支持添加该设备，更多支持的网关型号请咨询生产厂家的客户服务中心。

392 什么是水浸传感器？怎样安装水浸传感器？

当检测处的水位高度达到 0.5mm 时，水浸传感器将上报险情，联动网关发出本地声光报警，同时手机收到 App 推送数据，让用户及时知晓，采取相应措施。水浸传感器与网关之间通常通过无线 ZigBee 协议进行通信，故无需布线。ZigBee 与其他通信协议相比，具有超低功耗、安全性高、自组网，可容纳子设备多等优势。Aqara 水浸传感器如图 9-17 所示。

水浸传感器的安装与设置

图 9-17　Aqara 水浸传感器

安装水浸传感器应按照说明书进行操作，如果水浸传感器主体有安装孔位，可垂直安装；或者根据需要，可将水浸传感器平行于地面放置；还可根据需检测水浸高度垂直于地面安装。

安装水浸传感器要防止传感器和腐蚀性或过热的介质接触，如传感器采用锂电池供电，安装位置必须远离热源及高强度光源聚集点。水浸传感器最好不要安装在金属表面。

393 水浸传感器为什么会经常离线？

水浸传感器离线的原因可能如下。

（1）设备与网关距离较远，此时可检测水浸传感器与网关间的距离，将设备安装在靠近网关的位置。

（2）电池电量低或电池没电，可更换新电池。

（3）水浸传感器安装在金属表面，信号受到干扰。

394　什么是光照传感器？怎样安装光照传感器？

光照传感器通常基于 ZigBee3.0 无线通信协议，可以检测周围环境的光照强度，并记录历史数据。搭配网关，可以根据环境光照度变化作为自动化条件，联动其他智能家居设备执行多种智能场景、远程推送提示至手机。Aqara 光照传感器 T1 如图 9-18 所示。

图 9-18　Aqara 光照传感器 T1

光照传感器既可以粘贴在墙上，也可以放在桌面，光照传感器 T1 最好不要安装在金属表面。

395　光照传感器为什么会经常离线？

光照传感器离线的原因可能如下。

（1）设备与网关距离较远，可检测光照传感器与网关间的距离，将设备安装在靠近网关的位置。

（2）电池电量低或电池没电，可更换新电池。

（3）光照传感器安装在金属表面，信号受到干扰。

396　如何判断已连接上的光照传感器可以正常使用？

下面以 Aqara 光照传感器 T1 为例说明。

（1）单击光照传感器 T1 的重置按键，网关发出提示音"连接正常"，则表示光照传感器 T1 与网关通信正常，按第（2）点继续操作；如没有提示音"连接正常"，可将光照传感器 T1 移近网关后重试，若还是无提示音，则光照传感器 T1 可能已经被删除或电池已耗尽，可参照子设备添加方法或电池更换方法重新添加子设备或更换新电池。

（2）将光照传感器 T1 从黑暗环境转移到高亮环境，然后进入

App 中，检查 Aqara 光照传感器 T1 的主页面，如有状态变化，则表明设备工作正常。

397 什么是门窗传感器？怎样安装门窗传感器？

门窗传感器又称门磁探测器，由传感器的主体（无线发射模块）和副体磁块组成。Aqara 门窗传感器 T1 如图 9-19 所示。

门窗传感器的安装与设置

图 9-19　Aqara 门窗传感器 T1

安装门窗传感器时，按说明书示意图所示，对齐主体与磁块的安装标记线，一般将主体安装在门窗固定面上，副体磁块安装在开合面上；主体与磁块的间隔距离应满足当前设置的安装距离，默认值为 20mm。

主体与磁块安装位置也可调换，但必须保证主体与磁块的安装标记对齐。

由于室内环境复杂，要调整网关和传感器主体的相对位置，以获得更好的通信环境。

由于金属对无线信号有衰弱作用，因此不建议将传感器的主体安装在门窗的金属部分上。

398 为什么门窗传感器有时工作、有时不工作？

门窗传感器能否正常工作，不仅与门窗传感器的主体与和副体磁块间的间隙距离有关，还与门窗传感器的主体与家里网关的距离有关，因此在安装过程中要注意传门窗感器主体与磁块间的距离不宜过大，两者的距离需满足小于 20mm 设置安装距离；门窗传感器与网关之间的距离也不宜过长。确定门窗传感器主体与网关的距离是否符合设置的安装要求，可单击一下门窗传感器的按键，如果网关发出了提示音，则表示门窗传感器与网关能有效通信，否则应将门窗传感器移近网关。

399　门窗传感器如何入网?

下面以 Aqara 门窗传感器 P1 为例，介绍门窗传感器如何入网。

Aqara 门窗传感器 P1 必须配合支持 ZigBee3.0 功能的网关使用，先依照说明书将网关添加到 App 中，然后抽出门窗传感器 P1 的电池挡片，打开 App，点击首页右上角"＋"号，进入"添加设备"页面，选择"门窗传感器 P1"，及要连接的网关，并依照 App 提示进行操作，最后长按设备重置键 5s，等待网关提示连接成功。

400　什么是人体传感器? 怎样安装人体传感器?

人体传感器是一种探测人体移动，同时检测环境光状态的产品。当探测区域有人移动，或环境光状态发生变化时，人体传感器将通过已连接的 ZigBee 3.0 网关向手机 App 发送通知并可与其他智能设备进行联动，如夜间检测到有人移动时，可以联动开灯。Aqara 人体传感器如图 9-20 所示。

图 9-20　Aqara 人体传感器　　　　人体传感器的安装与设置

下面以 Aqara 人体传感器 P1 为例说明其安装方法及注意事项。

（1）Aqara 人体传感器 P1 安装方便，它自带 360°旋转式支架底座，可平放在桌面上、倒置在天花板、竖贴在墙壁上。

（2）Aqara 人体传感器 P1 一般安装在需要探测是否有人的区域，如客厅，卧室（安装时应参照说明书中的人体传感器探测距离）；或者放置在茶几、鞋柜、书桌表面等位置，但必须靠近边缘；Aqara 人体传感器 P1 不能放置于金属表面，且前方勿放置遮挡物。

（3）安装完毕后，应按下 Aqara 人体传感器 P1 的重置键测试。若指示灯不闪烁，表示设备未绑定网关，或者电池已耗尽，或者设备已损坏；若指示灯闪烁一下，表示设备已绑定网关，但设备已离线；若指示灯闪烁两下，表示设备与网关连接正常。

401　人体传感器如何入网？

下面以 Aqara 人体传感器 T1 为例，介绍将人体传感器添加到网关的方法。

Aqara 人体传感器 FP1

（1）快速按网关的按键 3 下，让网关语音报读之后，再长按子设备的重置键，在指示蓝灯闪 3 下后松手，此时网关语音报读"连接成功"。

（2）打开 App，点击右上角的＋号，搜索子设备，扫码添加配件，选择网关，在安装 App 操作中，添加人体传感器 T1。

402　什么是红外幕帘探测器？怎样安装红外幕帘探测器？

红外幕帘探测器（红外幕帘传感器）采用的是红外双向脉冲计数的工作方式，因为幕帘探测器的报警方式具有方向性，又称方面幕帘探测器。幕帘探测器具备入侵方向的识别能力，用户可以从内到外进入警戒区而不会触发报警，并且在一定时间内返回也不会触发报警，只有从外界侵入才会引发报警，极大地方便了用户在设防的警戒区域内活动，同时又不触发报警系统。如华为 HM-806D 型红外幕帘传感器采用了先进的信号分析处理技术和微处理器控制。当有入侵者通过探测区域时，传感器将自动探测区域内人体的活动。如有动态移动现象，它则向控制主机发送报警信号。适合家庭住宅区、别墅、厂房、商场、仓库、写字楼等场所的安全防范。华为 HM-806D 型红外幕帘传感器如图 9-21 所示。

安装红外幕帘探测器时，室内支架安装于墙面呈水平状态，无倾斜；支架与墙面贴合平整美观，无明显缝隙；接线符合电工接线规范，接线牢固，绝缘胶带包裹性好；探测器安装角度满足探测范围要求；安装区域无干扰源（宠物活动、空调附近、热源附近、太阳直射、运动的物体等。此外，还应注意以下几点。

图 9-21　华为 HM-806D 型红外幕帘传感器

（1）红外幕帘探测器安装时不要直接对着外，安装角度应满足探测范围要求。

（2）探测范围内不得隔屏、家具、大型盆景或其他隔离物。

（3）在同一个空间不得安装两个红外幕帘探测器，以避免产生因同时触发而造成干扰现象。

（4）安装区域应无干扰源，如宠物、空调附近、热源附近、太阳直射、运动的物体等，以免误报。

（5）红外幕帘探测器刚开启时，对周围环境有 5min 左右的感知时间，待红外探测器开启 5min 后，再用控制器进行设防。

（6）当入侵体被红外探测器探测到时，需几秒钟的分析确认时间，方能发射报警信号，以免误报，漏报。

（7）红外幕帘探测器只可以安装在室内，一定不能安装在室外。

（8）红外幕帘探测器的机板有"1、2、3"共 3 个端口，"2"和"3"端口连接的时候为测试状态，"1"和"2"端口连接的时候为正常使用状态。在正常使用状态的时候第一次报警后需 5min 的复位时间，这段时间内探测器不接受红外体触发，5min 后再次进入工作状态。平时使用探测器时，端口应该处于"1"和"2"的连接状态，用户需要注意的是，探测器在出厂时，端口是被置于"2"和"3"连接状态。

第3节　网络设备的安装与调试

403　智能网关的功能是什么？

智能网关具备智能家居控制中心及无线路由器两大功能，一方面负责整个家庭的安防报警，灯光照明控制、家电控制、能源管控、环境监控、家庭娱乐等信息采集与处理，通过无线方式与智能交互终端等产品进行数据交互。另一方面它还具备有无线路由器功能，是家庭网络和外界网络沟通的桥梁，是通向互联网的大门。Aqara网关 M1S 如图 9-22 所示。

图 9-22　Aqara 网关 M1S

智能网关 M2 的安装

404　怎样选择安装智能网关的位置？

选择安装智能网关的位置时应注意以下几点。

（1）为了确保通信效果，应将智能网关安装在"智能设备所在区域的中间位置"，中心位置离其他房间较近、隔墙不多。

（2）智能网关宜安装在频繁活动区域，如客厅、卧室等。

（3）为保证 Wi-Fi 通信稳定，智能网关宜靠近路由器，保持 2～6m 的直线距离最佳。

（4）设备与智能网关之间距离最好不要超过 10m。

（5）智能网关的安装位置需通风、防晒、防潮、远离其他热源和电磁干扰源。

（6）避免与空调等大功率设备共用同一电源插座，宜安装在环境较好、安全、方便、便于进线（光纤皮线和电源线）及出线（语音线、数据线等）的地方与儿童不易触及的地方。

405　怎样快速设置智能网关?

Aqara 网关 M1S 是智能家居的控制中心，可实现 Wi-Fi 和 ZigBee 类设备之间的互联互通，以及管理和控制智能场景，可方便快捷地控制插座、开关、灯泡、窗帘等智能设备。下面以 Aqara 网关 M1S 为例，介绍如何快速设置智能网关。

（1）扫描说明书上的二维码，或在应用商店搜索 App 名称，下载安装 Aqara Home 或米家 App。

（2）将网关通电，等到黄灯快速闪烁。确保手机已连接到 2.4GHz 频段的 Wi-Fi 网络。

（3）打开 Aqara Home 或米家 App，点击首页右上角"＋"，选择"网关 M1S"，并依照 App 指示进行操作。

1）苹果操作系统：按 App 提示，扫描或手动输入 Home Kit 设置代码，进而完成添加。

2）安卓操作系统：按 App 提示，以 AP 模式进行添加。

406　如何将 ZigBee 子设备添加到智能网关上?

添加子设备的方式，具体可以参考智能网关的子设备说明书，一般操作大同小异，下面以 Aqara 智能网关为例说明。

（1）连按网关，按 3 下按键，使网关进入添加子设备的状态，然后以一定方式触发子设备进入待添加状态（一般为长按按键），等待添加完成。

（2）在 App 中添加子设备，选择要添加的网关，按 App 提示完成添加网关。

（3）在 App 中点击右上角"＋"，点击要添加的子设备，然后选择想要绑定的网关，按 App 提示触发子设备进行待添加状态，随后将完成添加。

（4）如果要变更 ZigBee 子设备绑定的网关，可先从 App 首页删除 ZigBee 子设备，然后重新添加，重新选择需要绑定的网关。

（5）在网关的页面中，可以查看该网关下绑定的子设备列表。

407　有哪些智能设备具有网关的功能？

在全屋智能家居中，有些设备集成了网关功能，如华为的智能主机可替代家里传统的弱电箱，内部集成了中央控制器、全屋 Wi-Fi 6＋、光猫、全屋 PLC 控制总线、全屋存储、全屋音乐、智能温控风扇等；海尔智能主机内部集成 LAN、ZigBee 模块，支持海尔 Wi-Fi 智能家电连接；Aqara 集悦智慧面板 S1（小乔智慧面板）支持 ZigBee 3.0 通信协议、拥有双频 Wi-Fi 和以太网端口，可与 ZigBee 3.0 设备搭配使用；Aqara 智能摄像机 G3（网关版）集成了新一代 ZigBee 网关功能，支持 2K 超清视频和 2.4/5GHz 双频 Wi-Fi，内置 NPU 神经网络计算单元，支持丰富的 AI 识别功能，并支持 Home Kit 安全视频；小米小爱智能音箱通过语音控制设备以及蓝牙 Mesh 网关联动，可控制超 3.51 亿种智能设备；欧瑞博 Mix Pad Mini 超级智能面板，具有 ZigBee 网关功能，支持 2 路智能照明，支持语音控制；还有空调伴侣等。

第 4 节　安防设备的安装与调试

408　什么是智能门锁？智能门锁有哪些功能？

智能门锁是一款将创新的识别技术（包括计算机网络技术、内置软件卡、网络报警、锁体的机械设计）与电子技术（包括集成电路设计、大量的电子元器件）相结合智能化的产品。智能门锁都有各自 App，所有的操作只需要打开手机 App 一键搞定。从某种意义上来说，智能门锁是一种靠云端来解决开门锁门的。

下面以 Aqara 智能门锁 A100 为例，介绍智能门锁的主要功能。Aqara 智能门锁 A100 如图 9-23 所示。

Aqara 智能门锁 A100 的主要功能可分为便捷性功能和安全性功能两部分。

（1）便捷性功能。

1）七大解锁方式。Aqara 智能门锁 A100 可采用指纹解锁、密码解锁、手机远程解锁、蓝牙解锁、卡片解锁、临时密码和应急钥匙解锁 7 种方式。其中指纹解锁采用瑞典指纹算法公司 Precise Biometrics 假指纹检测算法，识别

图 9-23　Aqara 智能门锁 A100

速度快且安全性高；采用 160×160 高分辨率指纹模组，搭配指纹自学习算法，指纹验证时间小于 500ms；采用 3D 电容式指纹识别，无法使用伪造的 2D 指纹图像开锁，指纹图像不受表皮死皮影响。

智能门锁支持 6～10 位不定长密码，超过 100 亿种密码组合；密码连续输入错误 5 次即锁定键盘 5min，再连续输入错误 5 次，锁定键盘 15min，键盘锁定时 App 将远程推送消息，提醒用户。

2）AIoT 智能联动。接入 Aqara Home App，搭配网关可联动丰富的 Aqara 智能单品；可通过 Aqara Home App 进行用户管理，包括添加/删除用户、更改用户权限等，添加/删除指纹、设置密码；可通过 Aqara Home App 设置自动化和场景；查看日志，远程查看门锁信息等；接收门锁告警报警的推送通知。

3）简单易用的 App 设置门锁方式。可通过 Aqara Home App 进行用户管理，包括添加/删除用户、设置用户凭据、更改用户权限等，具有优秀的用户体验设计；用户身份分为管理员身份和普通用户身份；普通用户权限是仅可日常开锁；管理员用户权限是除日常开锁外，可设置门锁、开反锁、重置门锁。

4）OTA 远程升级功能。智能门锁支持全功能（所有程序）在线升级，可持续支持最新的功能。

（2）安全性功能。安全性功能包括硬件安全与软件功能。

1）硬件安全加持包括电子锁体，C 级锁芯、锁体离合、防拆检测、防尾随设计、智能反锁和主控后置 6 个方面。其中电子锁体，C 级锁芯是指 Aqara 智能门锁 A100 拥有斜舌、方舌、反锁舌 3 种结构，采用直插芯 C 级锁芯，即使前面板遭破坏、拆卸，最高防护级别的 C 级锁芯，仍然能保护家门；锁体离合装置集成在不锈钢的锁体内部，破坏、拆卸前面板几乎无法开锁；内置防拆检测按压开关。正常状态下，按压件处于按压状态，当面板遭破坏、拆卸时，按压件与门面脱离，瞬间产生报警信号，门锁发出声光报警，并推送告警信息至用户手机 App。

2）软件安全加持包括告警/报警机制、指纹模组绑定和金融级 NFC 芯片 3 个方面。其中门锁防撬报警是指当前面板与门面的分离距离过大时，将触发门锁声光报警，同时 App 推送远程报警，也可联动网关或其他设备进行报警；当电量低于总电量的 20%时，每次开锁提醒电量不足。

409 怎样选智能门锁？

（1）选品牌。对于一般用户来说，比较省心的方法就是找主流电商平台，看旗舰店产品，并看销量，看评论和产品销量。看好某个产品后，建议去旗舰店购买，这样的产品相对有保障，售后也比较完善，安装也及时。

（2）看功能。智能门锁的功能并不一定多就好，关键是要好用，安全和稳定。现在的智能门锁产品相对比较成熟，技术上也足够能解决大部分需求问题。智能门锁普遍都有 5 种以上开锁方式，如感应卡开锁、指纹开锁、手机远程开锁、NFC 开锁、刷脸开锁、密码开锁、语音开锁、人脸识别开锁、机械钥匙开锁等。最常用到的是密码和指纹开锁方式，建议用户选用 3 种以上方式的智能门锁。

（3）看锁芯。一款智能门锁好不好，还得看它的锁芯，锁芯是一切智能门锁安全的保障。中华人民共和国公共安全行业标准《机械防盗锁》（GA/T 73—2015）对锁芯的评级标准分 A、B、C 3 种级别，安全性 C>B>A，C 级锁芯是防盗级别最高的，建议大家选择锁芯等级达到 C 级的智能门锁。

（4）选材质。智能门锁的材质和色彩选择上，建议用户选购与自己里门体色调一致的产品，这样可以保持家装风格协调。智能门锁的材质有不锈钢、铝合金和纯铜材质。Aqara 智能门锁 A100 采用亚克力触摸面板，亚克力又叫 PMMA 或有机玻璃，具有较好的透明性、化学稳定性和耐候性，易染色、易加工、外观优美。

（5）安全性。安全可靠是每把锁的重要使命，这也是选购智能门锁的重要考量因素。在选购智能门锁之前，一定要选择经过第三方安全认证并具有主动防御功能的智能门锁，否则可能会出现被撬门、被小黑盒破解等安全隐患。

410 怎样安装智能门锁？

智能门锁的品牌、型号很多，安装步骤大致相同，下面以 Aqara 智能门锁 N200 为例，介绍怎样安装智能门锁。Aqara 智能门锁 N200 如图 9-24 所示。

智能门锁 N200 的安装

图 9-24　Aqara 智能门锁 N200

（1）第 1 步，判断开门方向，调整门把手跟锁舌的方向。家居开门的方向一般有 4 种，如图 9-25 所示。

如果刚好跟自家开门方向一致的就可以免去这一步骤了。如果需要调整，则松开定向螺钉，转动门把手180°就可以调整方向，然后再固定定向螺钉，注意门外锁跟门内锁都要调整。如果把手方向换了，锁舌的方向也要调整，要先拆掉锁体上的导向片，拉着锁舌转一个方向即可。调整完锁舌方向之后记得把导向片装回去。

A:左内开

向里推

面对房门，合页安装在门框左边，并且向里推门

B:左外开

向外拉

面对房门，合页安装在门框左边，并且向外拉门

C:右内开

向里推

面对房门，合页安装在门框右边，并且向里推门

D:右外开

向外拉

面对房门，合页安装在门框右边，并且向外拉门

图 9-25　家居开门的方向

（2）第 2 步，用卷尺测量门页的厚度，选择合适方形连接杆。有些厂家提供了不同长度的锁芯方形连接杆，如果找不到合适，就要切割，因锁芯方形连接杆过长，会导致门内锁无法安装到位。

（3）第 3 步，安装前测试。

1）首先是测试锁芯机械结构是否正常，再将锁芯插入锁体中，并用螺丝固定后，插入钥匙测试锁体机械结构是否正常工作。

2）然后安装上电池，开机测试电路显示是否正常。用扁平螺丝刀撬开门内锁的电池仓盖，将门内锁跟门外锁连接到锁体上，一共 3 个接头，白色连接锁芯，黄色连接内外锁，接头大小都不一样，基本上不用担心接错。

3）门外锁有防暴力拆除的设计，就是那个凸起的小按钮，测试的时候要按住那个按钮，不然会一直报警。门内锁面板上有米家 App 和 Home Kit 识别的二维码，扫描配对即可。测试 OK 之后就可以在门上安装。

（4）第 4 步，正式安装。

1）断开所有的连接线，把锁芯从锁体上取下来，准备好所有要用到的螺钉。

2）将锁体安装到门上，固定导向片上的螺钉。

3）插入锁芯，注意锁芯的方向，有钥匙孔的要朝外。

4）适当调整锁芯的位置，以便于螺钉将其固定在锁体上。

5）再次插入钥匙，测试机械结构是否有卡顿。

6）将方形连接杆从门外插入锁体中，注意杆子也分门内门外。门内的部分有一个凸起的卡片，要卡到位，安装到位之后，杆子刚好被卡在中间，无法向外拔出。

7）将两根固定杆安装到门外锁上。

8）将门外锁安装到门上，把门外锁跟锁体的线整理好，从合适的孔拉出来。

9）将控制门反锁的另一根方形连接杆安装到门内锁中，并连接所有的接线。

10）将门内锁安装到门上，要细心将各种杆子跟孔对准。

11）固定好门内锁之后安装电池，并盖上电池仓盖，再次开机测试。

（5）第 5 步，功能验收检查。

1）门锁安装流程正确，弹簧、把手方轴、钥匙方轴、反锁方轴等配件无漏装。

2）电池为同一品牌全新电池。

3）安装位置水平、牢固坚实，无松动现象。

4）门锁前后把手、前后面板均无划伤/损伤。

5）指纹开锁。已授权指纹应可正常开锁 5 次，成功率 100%。

6）密码开锁。通过已设置密码开锁，实现密码开锁 3 次，虚位密码开锁 2 次，成功率 100%。

7）联网功能。通过 App 下发临时密码，手机能在 1min 内收到开锁短信，用短信内的开锁密码能打开门锁。

8）机械钥匙锁。通过钥匙开锁，能转动钥匙，下压把手开锁，同时发出报警信号。

411　如何录入指纹?

下面以 Aqara 智能门锁 N200 为例介绍录入指纹的方法。

（1）通过 App 录入。在智能手机上安装米家 App，添加门锁并连接门锁后，根据米家 App 的操作提示录入指纹。

（2）在门锁录入打开门锁后面板后，短按门锁电池仓上方的设置键，根据语音导航提示录入指纹（需要在米家 App 中绑定门锁，且录入管理员密码后，开启本地设置功能）。

（3）录入指纹时若提示录入不成功，可能的原因通常是指纹识别不全，应确保录入指纹的手指为干燥状态且指纹没有大面积破损；在指纹录入过程中（成功录入一枚指纹共需要录入 7 次），应将手指完全按压在指纹识别区，根据语音或 App 提示，保持开锁的习惯姿势，轻微更换角度录入。为了更好地开锁体验，建议使用常用手的拇指进行录入。

412　指纹验证失败怎么办?

在智能门锁开门时，如果指纹验证失败，应确保手指上没有污渍且干燥可将手指完全按压在指纹识别区再试，如果连续失败至指纹识别锁定，则可尝试用密码开锁。建议在 App 上录入指纹时可录入几组，避免因单个手指上指纹本身问题出现验证失败。

413　智能门锁如何连接手机 App?

下面以 Aqara 智能门锁 N200 为例，介绍将连接至米家 App 的操作步骤。

（1）门锁安装完毕后，装上电池，门锁响起提示语音"请打开 App 添加 Aqara 智能门锁"。

（2）进入米家 App，点击右上角"＋"号按钮。苹果手机用户点击"蓝牙"图标；安卓用户点击"附近设备"（确保手机蓝牙处于打开状态）。

（3）在设备列表中，选择点击 Aqara 智能门锁 N200。

（4）根据 App 提示，短按门锁后面板电池仓下面的"设置"按钮，并输入 App 上显示的 PIN 码，即可完成连接。

414　如何重置智能门锁？

重置门锁仅清除门锁的指纹、密码等信息，但若之前与 App 绑定过，则不会自动解绑。下面以 Aqara 智能门锁 N200 为例介绍重置方法。

打开门锁后盖板，在电池仓下方找到重置键，长按 5s 以上根据提示验证管理员身份后，即可重置门锁。

如果门锁之前已经与手机蓝牙配对连接过，则需要已连接用户在米家 App 中删除该小米账号下的米家智能门锁设备，其他用户才可以正常连接；如果之前绑定的手机不在身边，也可以用其他手机登录之前绑定的小米账号，删除 Aqara 智能门锁 N200 设备后，再进行重新连接。

415　什么是智能摄像头？智能摄像头有哪些功能？

智能摄像头是智能家居的重要组成部分，是一种融入人工智能技术的网络摄像头。它通过云端大数据与物联网，利用智能手机可远程监控家里的实时动态。还可与控制主机进行安防联动，当监测到非法侵入时会报警，并将消息推送给手机。下面以 Aqara 智能摄像头 G2H Pro（网关版）为例，介绍智能摄像头的主要功能。Aqara 智能摄像头 G2H Pro（网关版）如图 9-26 所示。

（1）ZigBee 网关功能。Aqara 智能摄像头 G2H Pro（网关版）采用 ZigBee 3.0 新架构网关，可以连接 Aqara 的其他智能终端，通过网关功能，App 可以远程控制这些家庭智能终端，支持 2.4GHz

频率 Wi-Fi 入网，是整个家庭智能设备的控制中枢。

智能摄像机 G2H

图 9-26　Aqara 智能摄像头 G2H Pro（网关版）

（2）具有延时摄影。配置超清广角镜头，146°对角、F2.0 大光圈、3.3mm 焦距、1080P 超清画质，能将指定时间段的监控录像压缩成 15s 的快进视频，可用来打造时光相册。

（3）隐私区域屏蔽。用户在 App 上框选区域，被框选区域的视频画面（预览、回放）将被色块遮挡，从而保护隐私的敏感区域视频画面上传到网上。

（4）存储扩容。存储扩容至最大支持 512GB 的 TF 卡，理论上512GB 存储卡预计可存储 G2H Pro 视频约 28 天。

（5）NAS 存储。将 TF 卡存储的录像转存至 NAS 存储器中集中管理，打造用户本地私有云服务。

（6）自定义铃声。从 Aqara Home App 上传一段音频铃声并下发到设备端，上传的铃声可用于自动化时播放，用户可以根据设备使用的场景自定义上传需要播放的铃声，继而自定义摄像头应用场景。

（7）双向语音对讲。采用全双工双向语音通话方式（类似网络电话），双向语音可以直接通话，无需单向等待，沟通起来更顺畅。

（8）红外夜视高清。搭配 8 颗 940nm 隐藏式高性能红外灯，夜视距离可达 20m，可以清晰记录夜间监控区域的情况。因为红外灯发出的是不可见光，可有杜绝夜间光污染，如果用来看护宝宝，也不怕用来影响宝宝睡眠。

（9）移动侦测。开启移动侦测后，若布防区域（可设置）有物体移动将触发移动侦测报警，自动化联动可用于家庭安防。

（10）异常声音检测。当检测到异常分贝的音频或婴儿啼哭声时，将推送报警信息至用户手机 App。

（11）多人分享。作为一款家用型的智能摄像头，家庭共享功能也是很重要的。可以 4 个用户同时观看录像。当自己的爸爸妈妈、哥哥姐姐在外地，也可以同时打开 App，查看直接家里的情况，或者开家庭会议。

（12）多平台生态。Aqara 智能摄像头 G2H Pro（网关版）除能接入 Aaqara Home App 外，还支持 Apple Home Kit 平台和电商 SKU。

416　怎样选智能摄像头?

选购家用智能摄像头主要注意以下 4 点。

（1）清晰度要高。大部分的普通家庭，购买智能摄像头一般是用于家庭安防、查看儿童和老人的情况，所以对监控画面的清晰度的要求会比较高。要是画面不够清晰，功能再多也没有用，Aqara 智能摄像头 G2 等型号的视频分辨率为 1080P，能呈现出高清晰度，色彩明亮，使用感极佳的优质画面。

（2）拍摄范围要广。家用智能摄像头不仅要看得清楚，还要看得全面，这就要求拍摄范围广。较高级一点的摄像头均采用了云台设计，通过双电机 X/Y 双向运动，可以操控摄像头旋转，上下左右旋转进行监控，有效地减小了视觉盲区。如 Aqara 智能摄像头 G2 智能摄像头的斜对视角 142°，水平视角 118°，垂直视角 63°。

（3）智能化程度要高。智能摄像头的智能化程度主要体现以下几个方面。

1）人形侦测/追踪。摄像头通过算法，能自动区分移动物体与人体，有效减少误报，识别更准。如主人不在家的时候，就可以开启人形侦测功能，假如室内进入了陌生人，机器即可第一时间发现，并将信息推送至手机上，而主人也可以进入 App 通过摄像头来一看究竟，到底是谁。

2）人脸识别。这一功能也是人形识别的进一步升级，可以精细到人脸。事先可以将家庭成员的面部信息输入摄像头，摄像头会通过算法自动匹配人物，并支持按人物进行视频筛选，高效区别家庭成员与陌生人的信息。

3）自动巡航。如果需要使用摄像头监控的范围较大，固定镜头无法兼顾到，而又无法实时调整镜头位置，那么自动巡航这个功能就非常实用了。

4）红外夜视。拥有夜视功能，便可 24h 监管房屋，避免小偷夜间上门偷窃，抓住证据，便于维权。

5）电话/对讲。语音功能也是智能摄像头的一大特点，如父母除了远程关注孩子状态外，还可以随时同其通话；又或者远程逗逗家里的萌宠。

（4）品牌要好。选购智能摄像头要想达到清晰度高、拍摄范围广、智能化程度高就要从品牌入手，选择有口皆碑的好品牌。目前智能摄像头的品牌和型号很多，主流品牌有小米、海康威视（HIKVISION）、萤石（EZVIZ）、360、小蚁科技（YI）、乐橙（IMOU）、海雀、联想（Lenovo）、普联（TP-Link）、小白等，用户可根据自己的需求选择合适的品牌。

417 怎样安装智能摄像头？

下面 Aqara 智能摄像头 G3（网关版）为例，介绍怎样安装智能摄像头。

Aqara 智能摄像头 G3（网关版）如图 9-27 所示，底部有一圈橡胶防滑垫，放在桌面上可以保证稳固，如果固定到墙面上也可以保护墙面。这款产品支持平放、附墙、倒装 3 种安装方式，如图 9-28 所示，可根据实际所需，自由灵活安装。摄像头底部有标准 1/4 英寸螺母孔，固定非常方便。智能摄像头 G3（网关版）包装盒中不含支架，如需附墙、倒装，需要单独购买支架；应在确保摄像头成功添加到 App 后再进行上墙安装，若选择倒装，需要在 App 中翻转图像才可以正常观看；平时可将摄像头摆放在写字台，餐桌，书柜，茶几等水平桌面上使用；底部的螺母规格就是平时相机用三脚架等设备使用的螺母，通用性很强，几乎所有的三脚架或者很多支架都是支持的。

（a）　　　　　　　　　　（b）

图 9-27　Aqara 智能摄像头 G3（网关版）

（a）外观；（b）底面

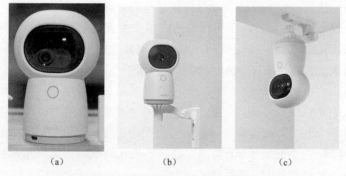

（a）　　　　　　（b）　　　　　　（c）

图 9-28　Aqara 智能摄像头 G3（网关版）安装方式

（a）平放；（b）附墙；（c）倒装

418　如何设置智能摄像头？

下面以 Agara 智能摄像头 G3（网关版）为例介绍其设置方法。智能摄像头 G3（网关版）是一款云台型监控摄像头，集成了新一代 ZigBee 网关功能，支持 2K 超清视频，内置 NPU 神经网络计算单元，支持丰富的 AI 识别功能，并支持 Home Kit 安全视频。依托自动云台功能，可进行常看位置设置、视频巡航路径规划，并支持断电记忆等实用功能，还可通过内嵌的红外遥控模块学习和代替各类家电的遥控器操作，是 Aqara 全新一代家庭安防和智能控制的综合性网关摄像头产品。设置智能摄像头 G3（网关版）的方法如下。

（1）下载客户端。在应用商店中搜索"Aqara Home"或者扫描图 9-27（b）所示摄像头下方的二维码，下载"Aqara Home" App。

（2）摄像头通电开机。找到产品底部的电源接口并将 Type-C 电源线插入，接通电源适配器。摄像头启动完成后，状态指示灯变为黄灯快闪。如果指示灯显示为非黄灯快闪，可尝试长按功能键 10s 恢复出厂设置。

（3）添加摄像头。

1）接入 Aqara Home。打开 Aqara Home App，点击首页右上角"＋"，选择智能摄像头 G3（网关版），并且依照 App 指示进行操作。成功连接后，设备状态指示灯将蓝灯长亮。如果设备添加失败，可能有以下原因：①Wi-Fi 名称或密码包含不支持的特殊字符，导致无法连接路由器，可将 Wi-Fi 名称或密码修改成常用的字符后再试；②摄像头暂时不支持 WAP/WAP2 企业级的 Wi-Fi 网络；③若摄像头无法识别手机生成的二维码，应检查环境是否不够明亮，确保摄像头未逆光拍摄二维码，且确保手机屏幕不小于 4.7 英寸；④路由器开启了 Wi-Fi 防蹭设置，导致摄像头无法正常联网可关闭防蹭后再试；⑤路由器开启了 AP 隔离，导致手机在局域网内无法搜索到摄像头，可关闭 AP 隔离后再试。

2）接入 Apple 家庭（Home Kit）。打开 Apple"家庭"App，点击右上角"＋"，进入添加配件页面，扫描或手动输入摄像头底部的 Hom e Kit 设置代码（该代码应妥善保存），将设备绑定至 Home Kit，若添加失败，可能有以下原因：①由于反复多次添加失败，导致 iOS 系统缓存的错误信息无法释放，此时会提示"无法添加配件"，可重启 iOS 设备并重置摄像头后再试；②若"配件已添加"，可重启 iOS 设备并重置摄像头后，采用手动输入 Home Kit 设置代码方式重新添加；③若提示"未找到配件"，可重置摄像头，等待 3min 后，采用手动输入 Home Kit 设置代码方式重新添加。

（4）添加子设备。摄像头添加成功后，请打开 Aqara Home App 并参考子设备使用说明书进行添加子设备的操作。

419　智能摄像头的人脸识别功能有何用途？如何开启？

（1）人脸识别功能可作为家庭警戒或自动化执行条件，实现检测到陌生人脸或已标记人脸上报告警信息、触发执行自动化等功能。

（2）首次使用人脸识别功能，App 将引导用户添加、同步人脸信息到摄像头中，人脸信息以家庭为单位存储于云端服务器中，用户可同步人脸信息到多个 G3 摄像头中实现批量操作，也可在设备的设置选项→人脸管理界面添加并导入人脸。用户可主动删除人脸信息，恢复出厂设置也可清除所有已上传的人脸信息。

第 5 节　DIY 智能家居

420　DIY 智能家居首先要考虑什么？

DIY 智能家居一般首先要考虑的功能需求，即需要实现哪些个性化的服务。由于每个人的居住环境的不同，对智能家居的功能要求也不同，用户应结合自身的住居情况，找到自身的需求点，确定自家智能家居的系统功能。用户如以安全防范为主，则需安装监控、报警、门禁等功能的子系统；如以娱乐休闲为主，则需安装背景音乐、家庭影院、影音共享等功能的子系统；如以节能环保为主，则需安装灯光窗帘控制、暖通空调控制、感应控制等功能的子系统；如以控制便捷为主，则需安装集中控制、远程控制等功能的子系统；如果是新房装修，则可考虑全屋智能，包括智慧照明、安防监控、影音娱乐、能源管理、家庭管理、健康环境等。总而言之，应根据自己的具体需求或喜好来确定把哪些功能纳入自家的智能家居系统即可。

421　怎样选择网关？

网关是上连路由器，下连智能设备，是 ZigBee 等设备的云端连接中转站,也是不同通信协议设备本地连接的枢纽,可实现部分设备在断网的情况下仍然可以互连。

网关一般分为了多模组和单模组网关,也就是支持一种通信协议和多种通信协议的网关。简单来说,多模组的网关就可以同时控制多种通信协议的设备,在选择设备这一块就放宽了很多。

小米智能多模网关支持 ZigBee、蓝牙、蓝牙 Mesh3 大通信协议;而 Aqara 网关 M1S 多功能网关只有 ZigBee 协议,而易来专注蓝牙 Mesh 协议。如果家里有蓝牙或蓝牙 Mesh 设备,可考虑选择小米智能多模网关。总而言之选择网关时,要看网关支持什么协议,支持这个协议的其他品牌设备产品就能接入这个网关,否则不能互联互通。

422 为什么要选智能家居云平台?

选智能家居云平台也就是选择智能家居生态链。当前国内的智能家居没有统一的标准和通信协议,多家公司都在做智能家居平台,很多智能家居设备只能适用于某一个云平台,相互不兼容,更换云平台"智能"就不能用了,如使用天猫的智能开关、智能灯,在小米云平台就无法使用。因此,DIY 智能家居必须先选一个云平台,然后再寻找适合这个云平台、符合这个云平台标准的设备,否则买回来的设备可能会因为不支持所用云平台而无法使用。

423 当前国内外有哪些主流智能家居云平台可选?

当前国内主流智能家居云平台有华为 Hilink(华为小艺)、小米米家(小爱同学)、阿里巴巴天猫精灵(天猫精灵)、百度小度(小度小度)、京东京鱼座(嗨小京鱼)、涂鸦智能(TuyaSmart)、海尔智家云平台、Aqara AIoT 平台、欧瑞博、云智易智慧生活物联云平台等。

国外主流智能家居云平台主要有谷歌智能家居平台(google Home)、亚马逊智能家居(Alexa)和苹果智能家居(Apple Home Kit),

国内支持接入 Home Kit 的品牌厂商有绿米 yeelight 和智汀等。

424　怎样选择智能开关？

选择智能开关主要应考虑接线方式、控制方式及面板 3 方面。

（1）接线方式。选择智能开关时，如果是老房装修智能家居，

就需要先确认家里的开关底座是否有中性线存在，如果有中性线，可采用零火版智能开关，如果开关底座只有相线，那只能采用单火版开关。

怎样选择智能开关

（2）控制方式。智能开关大多数是通过无线传输控制，也有通过电源线控制的，此外，还有语音控制、手势控制等多种 AI 控制方式可选择。通过无线传输控制时，有蓝牙、ZigBee、Wi-Fi 3 种不同的通信协议，这 3 种协议各有利弊。

1）ZigBee 协议具有距离短、功耗低、自组网等特点，将各个设备之间的数据传输联动起来，上限设备的数量比较多，但需要搭配网关进行链接。

2）Wi-Fi 协议相比较 ZigBee 协议而言，其优势就是速度比较快，传输数据大，体验感较好。但后期设备比较多时，会增加路由器带机量，因网络情况不好时，会瘫痪。

3）基于蓝牙的 Mesh 协议不再依赖网关，在实现自身功能的同时还起到了扩展网络的作用，各个设备之间可多节点链接，但需要有支持蓝牙 Mesh 的设备。

（3）选择面板。智能开关的面板除三键面板、二键面板外，还有场景面板，通过场景面板可以实现语音控制、触摸控制、场景控制，同时具备了语音助手、网关的功能，同时还支持 ZigBee、双频 Wi-Fi 以及以太网的接入，但需要在 86 盒里预留中性线。当前安装全屋智能家居的用户均选用这种场景面板开关。

425　什么是智能空调伴侣？

智能空调伴侣内置红外功能，基于 Wi-Fi 和 ZigBee 无线传输技术，通过手机端 App 即可远程控制传统空调的开关、风向与温度调节、功率检测、查看用电量等便捷功能。

智能空调伴侣还集成网关，是智能家庭 ZigBee 设备的控制中心，可以和其他具有 ZigBee 功能的设备组网，通过手机 App 可以实现其他智能设备的开关、操作等。比如和配有 ZigBee 的窗帘联动，打开手机 App，在 App 上点击打开串联按钮，手机通过 Wi-Fi 把命令下发给空调伴侣，空调伴侣再通过 ZigBee 把命令下发给窗帘的执行机构，就可以把窗帘打开了。

Aqara 空调伴侣（升级版）不仅能将普通空调智能化，还能控制电暖器等 16A 大功率电器的电源通断；集成了 ZigBee 网关功能，搭配米家、Aqara 各种智能设备，可实现丰富的家电智能控制应用。Aqara 空调伴侣（升级版）如图 9-29 所示。

智能空调伴侣 P3 连接
Aqara Home

图 9-29　Aqara 空调伴侣（升级版）

426　怎样选智能空调伴侣？

因空调伴侣内置 Wi-Fi 和 ZigBee 无线通信模块，可充当网关使用，与多种智能设备联动，故选购时要看它集成的网关支持哪种无线通信协议，还要注意空调插头是 16A 还是 10A，不要选错。

427　智能音箱有哪些功能？

智能音箱可以通过语音交互进行人机互动，对智能家居进行控制、播放音乐、同时还能查天气/新闻、股票信息、儿童早教、调节音量、睡前故事、国学古诗、显示时间、提醒、留言等功能。智能音箱主要功能如图 9-30 所示。

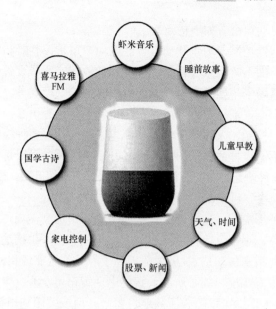

图 9-30　智能音箱主要功能

428　怎样选智能音箱?

目前国内主流的智能音箱有阿里巴巴、小米、百度、华为、喜马拉雅、京东等品牌,选择智能音箱主要考虑音质、语音交互灵敏度、智能控制设备多少、其他服务内容与外观设计 5 个方面。主流智能音箱功能特点比较见表 9-1。

表 9-1　　　　　　　主流智能音箱功能特点比较

功能项目	音质	语音交互灵敏度	智能控制设备数	服务内容	外观设计
主流智能音箱	苹果、华为、JBL	百度、小米	百度、天猫	百度、小米天猫、喜马拉雅	百度、小米天猫

429　什么是智能电动窗帘? 智能电动窗帘的优点有哪些?

智能电动窗帘是指利用手机、语音等来控制窗帘开闭操作和设置,一般由主控制器、拉动窗帘的电动机、静音伸缩轨道和窗帘布料组成。

智能电动窗帘有如下优点。

（1）智能控制，场景联动。智能电动窗帘将控制器和电动机内置在一起，加入智能家居系统，可以和其他智能家居设备一起形成联动的生活场景，如起床模式、观影模式与睡眠模式等。

（2）控制灵活，定时开闭。智能电动窗帘具有语音控制、手机控制、远程控制、人体感应控制和停电手动操作等多种控制方式，适合家庭不同人群的需求；还能设置开启或关闭时间，每天清晨起床时间，闹钟响起，电动窗帘伴随着闹钟铃声缓缓开启，夜幕降临，窗帘缓缓拉上，纱帘缓缓打开。

（3）外形美观，超长寿命。智能电动窗帘造型美观，具有防静电、不变色、不褪色等特点，还有多种颜色布料可供挑选；采用支点循环滚动精密传动技术，极大地提高了产品的可靠性和使用寿命。

（4）打开幅度，随心所欲。智能电动窗帘可全开、半开，或者打开 30%、60%，可以随心所欲地将窗帘开启或关闭到想要的位置，满足所有要求。

（5）制造假象，防范盗窃。如因出差或因事长期不在家时、可通过手机 App 给窗帘设置定期开关，和家里的灯光一起形成联动场景，制造家里有人的居住的假象，在一定程度上能起到防盗的效果。

430 怎样选择智能电动窗帘？

选择智能电动窗帘时应注意以下几点。

（1）选择电动机。电动机是智能电动窗帘的核心部分，按窗帘类型不同，主要可分为管状电动机、开合帘电动机、百叶帘电动机、罗马帘电动机、蜂巢帘电动机、天棚帘电动机等。按供电方式不同，一般分为交流电动机与直流电动机两种。直流管状电动机噪声较小，但扭力偏小，不适合做高窗，一般在小型窗户使用；市场上比较普遍的使用的电动窗帘电动机产品为交流管状电动机。交流管状电动机主要有 6N、10N、15N、30N、50N 等型号，一般的升降帘只需使用 30N 以内扭力电动机即可。交流管状电动机及配件如图 9-31 所示。

怎样安装智能窗帘

（2）选择配件。电动窗帘的配件需与电机、机构配合良好，精度要求较高，需选择质量好的配件。电动罗马帘、电动百叶帘的卷线器最好选择罗纹卷线器，卷动平整，不会出现左高右低或者右高左低的情况，影响美观。

图 9-31　交流管状电动机及配件

（3）选择面料。电动窗帘有多种颜色面料供挑选，用户可根据自己的喜好及家庭装饰的风格，选择适合的面料。

（4）选择品牌。选择智能电动窗帘最好选择产品质量好及售后服务有保障的品牌产品。品牌产品的安装人员非常专业，安装质量可靠。

附录　国家职业技能标准
物联网安装调试员（2020 年版）

一、关于基础知识要求

1. 计算机基础知识

（1）计算机操作系统知识。

（2）计算机硬件知识。

（3）计算机网络知识。

（4）计算机安全知识。

（5）数据库知识。

2. 电工电子基础知识

（1）电工基础知识。

（2）电气控制基础知识。

（3）供配电基础知识。

（4）电子技术基础知识。

3. 物联网系统基础知识

（1）物联网系统概述。

（2）物联网感知基本知识。

（3）物联网网络和通信系统知识。

（4）物联网信息处理基本知识。

（5）物联网控制基本知识。

（6）物联网网络信息安全知识。

（7）物联网云平台及软件系统知识。

4. 物联网应用场景认识

（1）智能家居。

（2）智能楼宇。

（3）智能物流。

（4）智能交通。

（5）智慧养老。

（6）智慧社区。

（7）智慧园区。

（8）智慧农业。

（9）智慧工厂。

5. 安全生产与环境保护知识

（1）安全防火相关知识。

（2）安全用电相关知识。

（3）现场急救知识。

（4）作业安全管理知识。

（5）安全生产操作规范。

（6）环境保护相关知识。

6. 相关法律、法规知识

（1）《中华人民共和国劳动法》相关知识。

（2）《中华人民共和国合同法》相关知识。

（3）《中华人民共和国网络安全法》相关知识。

（4）《中华人民共和国知识产权法》相关知识。

（5）《计算机软件保护条例》相关知识。

（6）《中华人民共和国计算机信息网络国际联网管理暂行规定实施办法》相关知识。

二、关于五级/初级工、四级/中级工、三级/高级工的工作要求

（一）五级/初级工

职业功能一：网络环境建立与管理。

工作内容（1）识读物联网网络施工图。

技能要求：能识读物联网网络施工图；能识读网络设备对应的网络施工图图例；能标注网络施工图物联网网络设备安装位置。

相关知识要求：物联网网络施工图识读方法；物联网网络设备分类；设备安装位置标注方法。

工作内容（2）制作网络跳线。

技能要求：能选用合适的网线类型；能利用网线钳等工具制作网络跳线；能利用网络测线仪测试网络跳线。

相关知识要求：常用网线分类；常用网络跳线制作工具的使用

方法。

工作内容（3）安装调试路由器。

技能要求：能选用路由器；能安装、配置有线网络路由器；能安装、配置无线网络路由器；能搭建一个物联网应用单元网络环境。

相关知识要求：路由器的分类及原理；路由器的配置方法；物联网应用单元网络的组成。

职业功能二：硬件设备安装与调试。

工作内容（1）识读电气图纸。

技能要求：能识读电气原理图；能识读电器元件布置图；能识读电气安装接线图；能识读电路原理图。

相关知识要求：常用电气符号；电器元件布置知识；电气安装接线图知识；电路原理图识图知识。

工作内容（2）使用常用电工工具和仪表。

技能要求：能识别并使用常用电工工具；能识别并使用常用测量仪表。

相关知识要求：常用电工工具及其使用方法；常用测量仪表结构原理及测量方法。

工作内容（3）使用物联网标识。

技能要求：能根据需求进行物联网标识的选型；能制作二维码；能使用射频识别（RFID）标签读写器进行读写操作。

相关知识要求：物联网标识的名称、类型与规格；二维码制作方法；射频识别标签的分类；物联网标识中信息的读写方法。

工作内容（4）安装、调试物联网基础功能模块。

技能要求：能根据需求选择物联网功能模块的安装位置；能安装、调试感知模块；能安装、调试本地控制模块；能安装、调试执行模块。

相关知识要求：感知模块的功能及其安装方法；本地控制模块的功能及其安装方法；执行模块的功能及其安装方法。

职业功能三：软件安装与调试。

工作内容（1）安装物联网应用软件。

技能要求：能在计算机端下载或复制厂家提供的物联网应用软

件；能在计算机端安装厂家提供的物联网应用软件；能在手机端下载并安装厂家提供的移动端物联网应用软件（即 App）；能在手机端加载厂家提供的移动端物联网应用软件微信小程序。

相关知识要求：常用的物联网应用软件分类；智能手机操作基本知识；微信小程序应用基本知识；应用程序的下载与安装方法。

工作内容（2）使用物联网应用软件。

技能要求：能识读物联网应用软件说明书；能根据软件说明书配置物联网应用软件；能使用物联网应用软件；能更新物联网应用软件；能卸载物联网应用软件。

相关知识要求：软件卸载及更新的一般方法。

（二）四级/中级工

职业功能一：网络环境建立与管理。

工作内容（1）配置物联网常用短距离无线通信网络。

技能要求：能配置紫蜂（ZigBee）网络；能配置蓝牙（Blue tooth）网络；能配置 Wi-Fi 网络。

相关知识要求：物联网常川短距离通信协议分类与工作原理；物联网常用短距离通信协议组网技术；物联网常用短距离通信协议配置方法。

工作内容（2）配置物联网常用远距离无线通信网络。

技能要求：能配置远距离无线电（Lora）通信网络；能配置窄带物联网（NB-IoT）无线通信网络。

相关知识要求：远距离无线电通信网络的组成与配置方法；窄带物联网无线通信网络的组成与配置方法。

工作内容（3）安装、配置物联网网关没备。

技能要求：能进行物联网网关设备选型；能安装物联网网关；能配置物联网网关；能利用物联网网关搭建物联网应用场景。

相关知识要求：物联网网关的分类与工作原理；物联网网关的安装方法；物联网网关的配置方法。

工作内容（4）测试物联网网络性能。

技能要求：能使用物联网网络软件、硬件测试工具；能测试物联网网络性能；能撰写物联网网络性能测试报告。

相关知识要求：物联网网络软件、硬件测试工具的使用方法；物联网测试规范；测试报告撰写规范。

职业功能二：硬件设备安装与调试。

工作内容（1）选择物联网终端。

技能要求：能勘测施工环境；能根据需求选用物联网终端。

相关知识要求：物联网终端的概念、结构及功能；物联网终端的安装点位与布线施工图。

工作内容（2）安装、调试传感器。

技能要求：能检测传感器；能安装、调试传感器；能保养和维护传感器。

相关知识要求：传感器的分类与工作原理；传感器的安装、调试方法；传感器的保养与维护方法。

工作内容（3）安装、调试执行器。

技能要求：能检测执行器；能安装、调试执行器；能保养和维护执行器。

相关知识要求：执行器的分类与工作原理；执行器的安装、调试方法；执行器的保养与维护方法。

职业功能三：软件安装与调试。

工作内容（1）使用串口调试工具软件。

技能要求：能安装串口调试工具软件；能查询到本机当前串口和通用串行总线（USB）端口号；能配置串口调试工具软件的参数；能使用串口调试工具软件调试串口设备。

相关知识要求：串口通信的基本知识；二进制、十六进制及中文汉字编码基本知识。

工作内容（2）使用 IP 地址扫描工具软件。

技能要求：能安装网际协议地址（IP 地址）扫描工具软件；能使用 IP 地址扫描工具软件扫描局域网内的 IP 地址；能根据 IP 地址扫描工具软件的扫描结果定位目标主机；能根据 IP 地址扫描工具软件的扫描结果判断目标主机的网络连通状态。

相关知识要求：物理地址（MAC 地址）的基本知识；网络通信逻辑地址和物理地址的映射关系；PING 命令的基本知识；网际

协议（IP）相关知识。

工作内容（3）使用蓝牙调试工具软件。

技能要求：能安装及配置蓝牙调试工具软件；能使用蓝牙调试工具软件。

相关知识要求：蓝牙通信的基本知识。

工作内容（4）使用 ZigBee 调试工具软件。

技能要求：能安装并配置 ZigBee 调试工具软件；能使用 ZigBee 调试工具软件。

相关知识要求：ZigBcc 通信的基本知识。

职业功能四：物联网云平台使用。

工作内容（1）注册物联网云平台及认证账户。

技能要求：能注册物联网云平台；能认证物联网云平台账户。

相关知识要求：云平台操作方法；浏览器的基本知识。

工作内容（2）使用物联网云平台采集物联网设备数据及控制设备。

技能要求：能在物联网云平台上正确配置设备接入参数；能在物联网云平台上获取上行数据；能在物联网云平台上发送下行控制指令。

相关知识要求：网络传输协议的基本知识；应用层协议（如 CoAP、LwM2M、MQTY 等）的基本知识；数据格式的基本知识；理解 JS 对象简谱（JSON）数据格式。

（三）三级/高级工

职业功能一：网络环境建立与管理。

工作内容（1）配置楼宇范围物联网网络环境。

技能要求：能配置楼宇范围的 RS485 网络；能完成楼宇范围的 LoRa 无线通信网络覆盖；能完成楼宇范围的 Wi-Fi 无线通信网络覆盖。

相关知识要求：楼宇范围物联网网络组成；RS485 的通信原理和组网方法；无线通信网络覆盖测试方法。

工作内容（2）接入移动互联网网络。

技能要求：能配置 4G/5G 网关接入移动网络；能配置 4G/5G 物

联网设备接入移动网络。

相关知识要求：4G/5G 网关配置方法；4G/5G 物联网设备接入方法。

职业功能二：硬件设备安装与调试。

工作内容（1）安装、调试变送器。

技能要求：能检测变送器；能安装、调试变送器；能保养和维护变送器。

相关知识要求：变送器的分类及工作原理；变送器安装和使用方法；变送器保养与维护方法。

工作内容（2）调试单片机应用系统。

技能要求：能检测单片机应用系统的功能单元；能更换故障芯片及外围板卡；能使用单片机进行输入、输出控制；能使用单片机进行数据采集和处理。

相关知识要求：单片机的概念及基本结构；单片机功能单元检测方法；单片机程序结构知识。

职业功能三：软件安装与调试。

工作内容（1）使用网络协议分析软件。

技能要求：能安装并使用网络协议分析软件；能基于网络协议分析软件抓取特定主机和端口的数据报文；能抓取数据报文并对抓取的数据报文进行解读。

相关知识要求：TCP、UDP 数据报文和 IP 数据包的格式；网络地址转换（NAT）的基本知识。

工作内容（2）使用数据库管理软件。

技能要求：能安装并使用常用的数据库管理软件；2 能识别常用的数据文件类型和数据库文件类型，并能导入、打开数据库文件；能利用 SQL 语句对数据库的数据进行查询操作。

相关知识要求：SQL 语句基本知识；数据库常用操作指令。

职业功能四：物联网云平台使用。

工作内容（1）通过转换设备采集变送器数据到物联网云平台。

技能要求：能在物联网云平台中添加转换设备；能配置转换设备参数；能通过转换设备采集变送器数据到物联网云平台。

相关知识要求：了解 Modbus TCP 协议；云平台相关参数的配置方法。

工作内容（2）处理和使用云平台数据。

技能要求：能利用数据处理公式对数据进行初步处理；能使用云平台的触发器功能；能实现时序数据的展示。

相关知识要求：基本的数据处理方法；触发器的含义；时序数据的概念；数据的展示方法。

职业功能五：智能物联网系统搭建与使用。

工作内容（1）调校智能视频和音频传感器。

技能要求：能调校单目、双目摄像头电、光参数；能调整摄像头安装位置和角度；能调校全向和定向拾音器电参数；能调整远场拾音器安装位置和角度。

相关知识要求：摄像头焦距、光圈调整方法；摄像机安装、使用方法；拾音器安装、使用方法。

工作内容（2）部署智能物联网应用。

技能要求：能进行物联网对象的数据标注；能进行物联网应用模型训练；能进行算法局部参数优化；能部署智能物联网应用。

相关知识要求：物联网对象的属性；物联网应用模型的选择方法。

三、关于五级/初级工、四级/中级工、三级/高级工的权置表（见附表1）

附表1 关于五级/初级工、四级/中级工、三级/高级工的权置表

	项目	五级/初级工(%)	四级/中级工(%)	三级/高级工(%)
基本要求	职业道德	5	5	5
	基础知识	25	20	10
相关知识要求	网络环境建立与管理	20	20	20
	硬件设备安装与调试	30	25	20
	软件安装与调试	20	15	20
	物联网云平台使用	—	15	15

	项目	五级/初级工（%）	四级/中级工（%）	三级/高级工（%）
相关知识要求	智能物联网系统搭建与使用	—	—	10
	合计	100	100	100
技能要求	网络环境建立与管理	40	30	25
	硬件设备安装与调试	40	30	25
	软件安装与调试	20	20	20
	物联网云平台使用	—	20	20
	智能物联网系统搭建与使用	—	—	10
	合计	100	100	100

参 考 文 献

[1] 刘修文，等．物联网技术应用．智能家居（第3版）[M]，北京：机械工业出版社，2022．

[2] 刘修文，陈铿，等．物联网技术应用．智能家居（第2版）[M]，北京：机械工业出版社，2019．

[3] 刘修文，徐玮，等．物联网技术应用．智能家居[M]．北京：机械工业出版社，2015．

[4] 刘修文，阮永华，陈铿．智慧家庭终端开发教程[M]．北京：机械工业出版社，2018．

[5] 刘修文，等．物联网技术应用．智慧校园[M]．北京：机械工业出版社，2019．

[6] 方娟，等．物联网应用技术（智能家居）[M]．北京：人民邮电出版社，2021．

[7] 罗汉江，束遵国．智能家居概论[M]．北京：机械工业出版社，2017．

[8] 季顺宁．物联网技术概论．北京：机械工业出版社，2013．

[9] 流耘．电子电路图识读一点通[M]．北京：电子工业出版社，2011．

[10] 流耘．当代电工室内电气配线与布线[M]．北京：机械工业出版社，2013．

[11] 流耘．图解当代电工室内电气配线与布线一点通[M]．北京：机械工业出版社，2013．

[12] 邬天菊，等．计算机基础知识[M]．上海：上海科学普及出版社，2018．

[13] 单文培，廖宇仲，等．应用电工基础知识400问（第三版）[M]．北京：中国电力出版社，2021．

[14] 万英．电工手册[M]．北京：中国电力出版社，2020．

[15] 杨清德．农村安全用电常识[M]．北京：中国电力出版社，2021．